COFFEE

"啡"尝时光

缪力果　主编

U0385973

黑龙江科学技术出版社
HEILONGJIANG SCIENCE AND TECHNOLOGY PRESS

图书在版编目（CIP）数据

"啡"尝时光 / 缪力果主编 . -- 哈尔滨：黑龙江
科学技术出版社，2022.4
ISBN 978-7-5719-1285-7

Ⅰ.①啡… Ⅱ.①缪… Ⅲ.①咖啡－文化－世界
Ⅳ.① TS971.23

中国版本图书馆 CIP 数据核字 (2022) 第 022569 号

"啡"尝时光

"FEI " CHANG SHIGUANG

主　　编	缪力果	
项目总监	薛方闻	
责任编辑	孙　雯	
策　　划	深圳市金版文化发展股份有限公司	
封面设计	深圳市金版文化发展股份有限公司	
出　　版	黑龙江科学技术出版社	

地址：哈尔滨市南岗区公安街 70-2 号　邮编：150007

电话：（0451）53642106　传真：（0451）53642143

网址：www.lkcbs.cn

发　　行	全国新华书店	
印　　刷	深圳市雅佳图印刷有限公司	
开　　本	720 mm × 1016 mm　1/16	
印　　张	10.5	
字　　数	130 千字	
版　　次	2022 年 4 月第 1 版	
印　　次	2022 年 4 月第 1 次印刷	
书　　号	ISBN 978-7-5719-1285-7	
定　　价	49.80 元	

$\mathcal{C}ontents$ 目录

CHAPTER 1　咖啡杯里的世界

CHAPTER 2　成为一名咖啡客

CHAPTER 3 跟着咖啡周游世界

CHAPTER 4　视觉系拿铁

CHAPTER 1

咖啡杯里的世界

对于咖啡客来说，
消费时间不等于消耗时间，
和咖啡一起度过的每一秒都有意义。
咖啡，值得你从一颗豆开始等待。

咖啡复兴

数百年来，咖啡用一种最沉默的温柔，孕育出最浓郁的芳香，过滤出最典雅的气质，营造出最优雅的格调。咖啡的发展历史就是一部瑰丽的文化史诗：土耳其士兵让咖啡传入欧洲；维也纳人把品尝咖啡变成哲学、文学和心理学；巴黎人将咖啡喝成一种浪漫；德国人把品尝咖啡当作一种思考的方式。但咖啡的世界之旅，却并非一个"浪漫"的过程！

咖啡文化的三次浪潮

所谓咖啡文化三大浪潮，其实是咖啡产品发展的三次浪潮，三次浪潮是参照美国的咖啡市场发展阶段来划分的，分别是速食文化、精品文化、美学文化。让我们一起来回顾咖啡文化的这三个阶段。

第一次咖啡浪潮 （1940~1960年）

咖啡速食化，战争造就"咖啡瘾君子"

"二战"时期，美国将咖啡作为士兵的配给品，美军平均每人每年有15千克的配给量，很多士兵都因此在战场上染上了咖啡瘾，战后雀巢、麦斯威尔等速溶咖啡公司以速溶咖啡方便的优点，攻占了美国市场。

速溶咖啡都是过度萃取的咖啡，连咖啡里不溶于水的木质素和淀粉都能够被萃取出来，而且还有大量的罗布斯塔豆，味道苦涩粗糙。为什么速溶咖啡豆被默认混有奶精和糖以及大量人工色素呢？就是因为不加糖和奶精的速溶咖啡已然成为了"黑暗料理"，无法下咽。这个时期美国人喝的咖啡也被称为"洗脚水咖啡"。

第二次咖啡浪潮 （1966~2000年）

质量良莠不齐，重焙咖啡豆盛行

就在美国人喝"洗脚水咖啡"的时候，意大利等国却在享受着优质咖啡。荷兰裔烘豆师比特提出新鲜烘焙、现磨现泡的理念，将重度烘焙阿拉比卡豆带入美国，使美国人重新认识了咖啡的香醇，品尝到不加糖和奶精也能令人满足的咖啡。

1971年，杰瑞·鲍德温、戈登·波克和吉夫·席格在西雅图开了第一家星巴克咖啡店，引进意大利卡布奇诺与拿铁，星巴克也就成为了第二次咖啡浪潮的代名词。现在大家去星巴克喝咖啡也会觉得咖啡味道很重，也就是苦，这便是重度烘焙咖啡豆的特色。

第三次咖啡浪潮 （2003年至今）

重现原味，诠释咖啡美学

1974年，挪威裔"咖啡教母"娥娜·努森接受《茶与咖啡月刊》专访时提出"精品咖啡"概念，即强调各产地咖啡因海拔、水土、气候与栽种用心程度的不同，而呈现"地域之味"，区别开平庸的商业级咖啡。

2003年起，"知识分子""树墩城""反文化"三大精品咖啡品牌抗衡星巴克，提倡直接交易制受利于咖啡农，倡导咖啡科学。第三次浪潮就是更加注重地域之味的不同，避重焙就轻焙，重视低污染处理之法，滤泡咖啡成为主流，由产地直接送到烘焙场，科学诠释咖啡风味，品味咖啡本身的果香与回甘。

人与自然双赢的发展趋势

　　咖啡是什么？简单说就是一种普通的饮料。可可、咖啡、茶并称当今世界的三大无酒精饮料。茶叶从东方席卷西方，风靡全球，可可从南美洲传到欧洲、亚洲和非洲，都经历了曲折而漫长的时间。而咖啡诞生于非洲，传向全世界后又重返故地，以非洲有利的土地和气候条件得以兴旺繁荣，又因其独特的口味和振奋精神的作用广受欢迎。

　　咖啡的全球贸易量仅次于石油，在世界上是比茶更流行的饮料。咖啡作为世界最流行的饮料之一，无疑是受到全世界欢迎的咖啡传入中国后，也在中国掀起了喝咖啡的热潮。咖啡这看似深沉的饮品，却也有潮流的暗涌不停翻转。

　　现在，随着经济的发展，越来越多的人开始欣赏新鲜烘焙、新鲜研磨的现煮咖啡，并且品味世界各地优质咖啡豆制作的浓缩咖啡，这是一次全球范围的咖啡文化复兴。现在，全球每年咖啡豆总产量中，高质、高价的精品咖啡占比约5%。经历了压榨劳动力获得咖啡的奴隶时代、"不讲究"的速溶咖啡时代，咖啡商推广品鉴精品咖啡，重拾精致的咖啡混搭艺术，收购以尊重人与环境的方式生产的优质认证咖啡。

　　那么，什么是认证咖啡呢？

公平贸易咖啡
（Fairtrade Coffee）

世界市场上咖啡的供应曾由国际咖啡协议限定，直到1989年协议崩溃。经历了10年的动荡，"公平贸易咖啡"应运而生。其确保咖啡贸易在公平的条件下进行，使咖啡农不再遭受剥削，符合环保、劳动人权等方面的标准。这个认证体系对生产者进行独立的审查认证，让咖啡豆不再沾染"人与森林的血泪"，是人道主义精神的一种体现。

雨林联盟
（Rainforest Alliance）

雨林联盟是非赢利性的国际非政府环境保护组织。符合"雨林联盟"订立标准的农场，联盟会对其生态系统进行保护，对农药的使用做一些限制，采用原生林树荫下栽培的传统耕作法种植咖啡，所获部分收益亦用于热带雨林动物保护区的野生动物保护、劳工生活改善等。

优质咖啡认证
（UTZ Certified）

这是一家独立组织，以荷兰生态（有机）农业生态学、欧洲农业良好操作规范（EUREP GAP）为基准，认证世界上的各种优质咖啡、茶和可可，生产经过环境、社会和经济标准独立审核的饮品，使农民可获得农业实践和经营管理专业化的培训，提高产品的质量，能够以更低的成本获得更大产出，从而改善他们的生活水平。

不同产地与咖啡豆风味

通过查看地图不难发现，咖啡豆的产地主要介于北纬25°到南纬30°之间，这一条生产带也被称为咖啡区带（Coffee Zone），包含了非洲、亚洲、拉丁美洲的许多国家。咖啡树容易受到霜害，由于受到气温的限制，以热带地区种植为宜，此地区的热度和湿度都是最理想的。

豆子的质量关键在于品种。目前咖啡至少有66个品种，但都是由阿拉比卡、利比里亚以及罗布斯塔这三大原种分化而来的。

世界三大咖啡品种

"高岭之花"—— 阿拉比卡种

很多人觉得这是口味最好的咖啡种类，不同的产地会神奇地变化出不同的口味。

阿拉比卡咖啡豆一般被认为原产自埃塞俄比亚高原，分布于热带地区，主要产地为南美洲（阿根廷与巴西部分地区除外）、中美洲、非洲（肯尼亚、埃塞俄比亚等地，主要是东非诸国）、亚洲（包括也门、印度、巴布亚新几内亚的部分区域）。

阿拉比卡种咖啡树比较难栽种，它喜欢温和的白日和较凉的夜晚，太冷、太热、太潮湿的气候都会对它有致命的打击。其需要种植在高海拔（1000米以上）的倾斜坡地上，适宜的生长温度为15~24℃，并需要有更高的树来为它遮阴，如香蕉树或可可树。这种咖啡树自然生长通常可达4~6米高，但是在人工种植的时候，就必须将树顶的枝叶剪下来，以免长得过高，难以采摘咖啡豆。在如此严苛的生长条件下，阿拉比卡种咖啡树的生长节奏势必十分缓慢，而且对抗病虫害的能力较差，容易遭受霜冻和旱灾的影响，故较其他两种咖啡树难种。一棵阿拉比卡咖啡树一年的生咖啡豆产量仅500~700克，咖啡因含量约为其重量的1.5%，但只有约10%的阿拉比卡豆的品质能归为精品咖啡豆。

阿拉比卡咖啡豆呈半边长椭圆形，中央线的沟纹曲折，略显S形。其香味奇佳，味道均衡，口味清香、柔和，果酸度高，而且咖啡因含量比较少，是目前世界上主要的咖啡豆品种，产量占约65%，其香气、品质均较优秀。

⮜ 相较低产量——利比里亚种 ⮞

利比里亚种咖啡树的产地为非洲的利比里亚，它的栽培历史比其他两种咖啡树短，栽种的地方仅限于非洲西部的利比里亚等少数几个地方，因此产量占全世界产量不到5%。

利比里亚种咖啡树适合种植于低地，对环境有很强的适应能力，唯独不耐叶锈病，咖啡豆呈汤匙状，具有极浓的苦味，风味较阿拉比卡种差。利比里亚豆一般仅在西非部分国家交易买卖，或供研究使用。现在市场上售卖的主要是阿拉比卡与罗布斯塔两个品种的咖啡豆，利比里亚种很少被提及。

⮜ 速溶咖啡的原材料——罗布斯塔种 ⮞

罗布斯塔种咖啡的主要生产地是刚果、阿尔及利亚、安哥拉、印度尼西亚、越南等国。

罗布斯塔种咖啡树耐高温、耐寒、耐湿、耐旱，甚至还耐霉菌侵扰，生长在海拔低的地区（海拔600米以下），在种植阶段整地、除草、剪枝时不需要太多人工照顾，多以野生状态生长，即使在恶劣的环境中也能生存。它的适应性极强，采收可以完全用震荡机器进行，是一种容易栽培的咖啡树。罗布斯塔咖啡豆的咖啡因含量约3.2%，一般用于速溶咖啡、灌装咖啡等工业生产咖啡。

罗布斯塔咖啡豆天生就没有阿拉比卡咖啡豆独有的芳香气味，多数的罗布斯塔种咖啡豆颗粒较小，短胖、浑圆，中间的沟纹很直，形状大小不一，外观也不好看。这种咖啡的口味浓重苦涩，酸度较低，香味很淡，品质上也逊色许多。罗布斯塔种咖啡现存的品种不是太多，其产量占全世界产量的20%~30%，在国际市场中的售价较低。由于产地在非洲，所以大部分非洲人都喝罗布斯塔咖啡。当然，近年来随着精品咖啡浪潮的到来，罗布斯塔豆也出现了高规格的精品咖啡，口味更厚、更低沉。

单品咖啡与拼配咖啡

～ 单品咖啡 ～

　　单品咖啡是用单一品种咖啡豆磨制而成的咖啡，饮用时一般不加奶或糖，该咖啡出品仅有单一品项咖啡豆。而咖啡馆一般采用手冲方法或用虹吸壶制作单品咖啡，以保留咖啡豆的全部口感。

　　一般单品咖啡的"性格"都很强烈，口感非常特别，或清新柔和，或香醇顺滑，而且制作成本较高，产地单一，因此价格也比较昂贵，比如著名的蓝山咖啡、曼特宁咖啡、肯尼亚咖啡等。还有一种奇特的单品咖啡——摩卡。摩卡是也门的一个港口，而在这个港口出产的咖啡都叫做摩卡，但是这些咖啡可能来自不同的产地。因此每一批摩卡豆的味道都不尽相同，这也是它最吸引人的地方。

　　单品咖啡豆还可以分为青咖和黑咖，青咖指纯的咖啡生豆磨制而成的咖啡，而黑咖是烘焙制作后的咖啡，各有风味，值得品鉴。咖啡馆一般采用手冲或虹吸壶制作，以得到纯粹风味的咖啡。

墨西哥
马拉戈咖啡豆

澳大利亚
天堂庄园咖啡豆

埃塞俄比亚
哈拉尔咖啡豆

阿拉比卡
早餐混合咖啡豆

萨尔瓦多
帕卡马拉咖啡豆

～ 拼配咖啡 ～

拼配咖啡不是一种特定的咖啡，一般是由三种或三种以上不同品种的咖啡，按其甘、香、酸、苦、醇调配成的一种具有独特风味的新咖啡。最初咖啡带有一定的地域性，而随着贸易的发展，咖啡的地域局限性逐渐消失，咖啡就成为了一种混合型饮料。

事实上，一部分人还坚持认为：最好的咖啡不是单一的品种，一种咖啡有优点也有缺点，最好的咖啡则是把不同品种咖啡的优点集中起来，就如从一种咖啡中获取酸味，从另一种中获取芳香，再从第三种中获得丰富的油脂。

实际上咖啡拼配更多是出于商业目的。罗布斯塔咖啡和阿拉比卡咖啡相混合，就降低了阿拉比卡咖啡的价格，而几乎所有的拼配咖啡都是为了创造出比单一咖啡更多的利润，还可以平衡口感、稳定风味，如流传甚广的意式浓缩咖啡。还有特调蓝山咖啡，通常以蓝山咖啡豆为底，加入其他咖啡豆调配而成。

世界级经典单品咖啡豆

经典单品咖啡即精品咖啡，也叫做"特种咖啡""精选咖啡"，是指在少数极为理想的地理环境下生长的具有优异味道特点的由生豆制作的咖啡，这是因为它们所生长的特殊的土壤和气候条件使它们具有出众的风味。这类咖啡还要再经过严格挑选与分级，选择出质地坚硬、口感丰富、风味特佳的，才算是精选咖啡豆，是咖啡界的顶尖产品。

"精品咖啡"这一词最早是由美国的努森女士在《咖啡与茶》杂志上提出的，她作为B.C.Ireland公司的采购员，对于行业内忽视咖啡生豆质量，甚至一些烘焙商混入低质量咖啡豆的现状非常不满，所以提出了"精品咖啡"的概念，倡导提高质量。而此概念在国际咖啡会议上的使用则使它迅速传播开来。部分地区成立了精品咖啡协会，如SCAA（美国精品咖啡协会）与SCAE（欧洲特种咖啡协会），专门推广优质的精品咖啡。

现在主要是采用手泡咖啡制作方式制作经典单品咖啡，以发挥出咖啡豆本身具有的风味。

精品咖啡豆的特征

1

　　必须是无瑕疵的优良的品种豆，具有独特的香气及风味，而且其产量很低。近年来，为了使咖啡树的抗病虫能力及产量提高，出现了很多改良树种，但是改良过的咖啡豆口味和质量都大打折扣。

2

　　对生长环境也有较高要求。一般生长在海拔1500~2000米，具备合适的降水、日照、气温及土壤条件的地区。一些世界著名的咖啡豆还具有特殊的地理环境，如蓝山地区的云雾高山、安提瓜的火山灰土壤，这些为精品咖啡的生长提供了有利的条件。

3

　　人工采收是最好的采收方式。自动分辨成熟或不成熟的果实，可以防止成熟度不一致的咖啡果被同时采摘。那些未熟的和熟过头的果实都会影响咖啡味道的均衡性和稳定性，所以在收获期频繁而细致地进行手工采摘才是最好的做法。

4

　　采用水处理的精制方式。水洗式咖啡豆在精制后可以得到杂质少的咖啡豆，不过弊端是豆子在发酵过程中水质及时间掌握要求相当精准，掌握不好会让咖啡豆感染过度发酵的酸味。加工好的豆子要及时烘干，烘干不足会使豆子发霉，过度易使豆子老化。

5

　　有严格的分级制度。一般生豆在处理好后以带着内果皮的形式保存，出口前才脱去内果皮，而且经过严格的分级过程以保证品质的均一，且其在运输过程中会对温度、湿度、通风进行控制，避免杂味吸附等也很重要。

世界级的经典美味

哥伦比亚——特级咖啡
（Colombian Supremo San Agustin）

无论是外观还是品质，哥伦比亚特级咖啡都相当优良。拥有清淡香味的哥伦比亚特级咖啡，如同出身优越的大家闺秀，有着隐约的娇媚，迷人且恰到好处，让人心生爱慕。

成熟以后的哥伦比亚咖啡豆冲煮出来的颜色咖啡清澈透明，口味绵软、柔滑，均衡度极好，喝起来就让人不可抑制地产生一种温玉满怀的愉悦之感，还带有一丝丝的天然牧场上花草的味道。

夏威夷——科纳咖啡
（Hawaii Kona）

科纳咖啡不像印度尼西亚咖啡那样醇厚，不像非洲咖啡那样浓郁，更不像中南美洲咖啡那样粗犷，科纳咖啡就像从夏威夷风光中走来的沙滩女郎，清新自然，不温不火。

科纳咖啡豆是世界上外表最美的咖啡豆，它散发着饱满而诱人的光泽。科纳咖啡口味新鲜、清冽，有轻微的酸味，同时有浓郁的芳香，品尝后余味长久。最难得的是，科纳咖啡兼有一种葡萄酒香、水果香和香料的混合香味，就像这个火山群岛上五彩斑斓的色彩一样迷人。

波多黎各——尧科特选咖啡
（Yauco Selecto）

尧科特选咖啡与夏威夷的科纳咖啡、牙买加的蓝山咖啡齐名。长期以来，它如同一位色艺俱佳的世间尤物，不仅牢牢地控制住普通咖啡爱好者的味蕾，也被各国王室成员视为咖啡中的极品。

波多黎各尧科特选咖啡具有特殊的醇厚浓郁风味，如雪茄烟草般的熏香气息，将狂野奔放又带甘甜的口感表露无遗。

厄瓜多尔——加拉帕戈斯咖啡
（Galapagos）

如同神话中的海妖一样，厄瓜多尔加拉帕戈斯咖啡拥有不可抗拒的魔力。神话中的海妖，用她的声音让人们意乱情迷，而加拉帕戈斯咖啡则用它无与伦比的芳香，让人们心甘情愿地为之沉迷。

加拉帕戈斯咖啡口味非常均衡、清爽，还有一种独特的香味。加拉帕戈斯群岛得天独厚的地理条件赋予了咖啡豆优异于其他产地咖啡豆的优秀基因，使得全世界的咖啡爱好者都无法拒绝如此美味的咖啡。并且，由于厄瓜多尔适于咖啡树生长的土地正在逐渐减少，因此，加拉帕戈斯咖啡更显珍贵，被众多咖啡爱好者称为"咖啡珍品"。

牙买加——蓝山咖啡
（Blue Mountain）

就像汽车中的劳斯莱斯、手表中的劳力士一样，蓝山咖啡集所有好咖啡的品质于一身，成为咖啡世界中无可争议的至尊王者。

纯正的牙买加蓝山咖啡将咖啡中独特的酸、苦、甘、醇等味道完美地融合在一起，形成强烈的优雅气息，是其他任何咖啡都望尘莫及的。除此之外，优质新鲜的蓝山咖啡风味特别持久，香味较淡，但喝起来却非常醇厚、精致。喜爱蓝山咖啡的人称它是集所有好咖啡优点于一身的"咖啡美人"。但由于蓝山咖啡豆产量极少，市面上多以其他咖啡豆拼配而成。

苏门答腊岛——曼特宁咖啡
（Mandheling）

在蓝山咖啡被发现前，曼特宁曾被视为咖啡中的极品。曼特宁咖啡豆虽然其貌不扬，甚至可以说丑陋，但是，真正了解曼特宁的咖啡迷们都知道，苏门答腊咖啡豆越不好看，味道就越好、越醇、越滑。曼特宁寓意着一种坚忍不拔和拿得起放得下的精神，喝起来有种痛快淋漓、汪洋恣肆、纵横驰骋之感，这种口味让男人们心驰神往。

曼特宁咖啡被认为是世界上最醇厚的咖啡。在品尝曼特宁的时候，能在舌尖感觉到明显的润滑，它同时又有较低的酸度，但是这种酸度也可以明显地被品尝到，跳跃的微酸混合着最浓郁的香味，让你轻易就能体会到温和馥郁中的活泼因子。除此之外，这种咖啡还有一种淡淡的泥土芳香或者说草本植物芳香。

日本在十几年前采用更严格的品质管理，更经过多达四次的人工挑豆，生产出了色泽暗绿、豆相均一、如黄金一般矜贵的"黄金曼特宁"。

危地马拉——安提瓜咖啡
（Antigua）

埃塞俄比亚——哈拉尔咖啡
（Harar）

危地马拉的咖啡均呈现温和、醇厚的整体口感，有优雅的香气，并带有类似果酸的特殊而愉悦的酸度，俨然成为咖啡中的贵族，其中安提瓜经典咖啡（Antigua Classic Coffee）就备受全球咖啡鉴赏家推崇。

安提瓜咖啡之所以受到绝大多数咖啡爱好者的追捧，只因为它那与众不同的香味。安提瓜咖啡具有丰富的丝绒般的醇度、浓郁而活泼的香气。当诱人的浓香在你的舌尖徘徊不去时，能令人感受到隐含的一种难以言传的神秘。

埃塞俄比亚哈拉尔咖啡被人们称为"旷野的咖啡"。一杯高品质的哈拉尔咖啡，仿佛旷野上淳朴的姑娘，拥有天然去雕饰的美丽，带给人从未有过的原始体验。

埃塞俄比亚哈拉尔咖啡有一种混合的风味，味道醇厚，中度或轻度的酸度，最重要的是，它的咖啡因含量很低，大约只有1.13%。

也门——摩卡咖啡
(Mocha)

肯尼亚——肯尼亚AA咖啡
(KenyaAA)

如果说，在咖啡中蓝山可以称王的话，摩卡则可以称后了。它是世界上最古老的咖啡，采用最原始的生产方式，拥有全世界最独特、最丰富、最令人着迷的复杂风味：红酒味、干果味、蓝莓味、葡萄味、肉桂味、烟草味、甜香料味、原木味，甚至巧克力味……如同一位百变的艳后，让万千咖啡迷为之神魂颠倒。

肯尼亚AA咖啡是罕见的好咖啡之一。她如同走出非洲的绝世美人，让世界为之惊艳。她带有特别的清爽甜美的水果味，清新却不霸道，给人一种完整而神奇的味觉体验。

除了具有明显且迷人的水果酸，肯尼亚咖啡又因为大多来自小咖啡农场，栽植在各种不同环境中，每年遭遇不同的气候、降雨量，使得肯尼亚咖啡形成了各种鲜明又独特的个性。

以肯尼亚AA咖啡为例，2001年时带有浓郁的乌梅香味，酸度不高，口感浓厚；2002年则呈现出完全不同的风味，带有桑葚浆果与青梅味，伴着少许南洋香料味道，喝完以后口中犹有绿茶的甘香，酸度较之前略提高，口感依然醇厚。这就是肯尼亚咖啡最独特的地方，总是以惊奇的口感让众多的咖啡迷充满期待与惊喜。也正是这个原因，欧洲人喜爱肯尼亚咖啡。

一颗咖啡豆的成长与成熟

美式、拿铁、摩卡、卡布奇诺，单品、拼配，烘焙较深，苦味很重……我们拿到的咖啡成品，味道各有千秋，但是咖啡从何而来呢？

沃野千里的咖啡园内，一颗颗种子正在发芽，与我们常见的咖啡豆的样子并不一样……

咖啡果实的结构

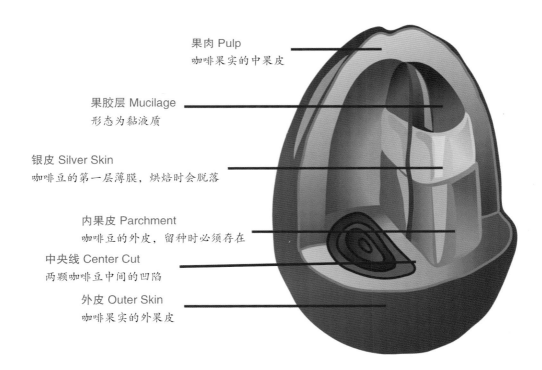

果肉 Pulp
咖啡果实的中果皮

果胶层 Mucilage
形态为黏液质

银皮 Silver Skin
咖啡豆的第一层薄膜，烘焙时会脱落

内果皮 Parchment
咖啡豆的外皮，留种时必须存在

中央线 Center Cut
两颗咖啡豆中间的凹陷

外皮 Outer Skin
咖啡果实的外果皮

生豆——从种子到果实

咖啡树的生长环境

我们喝到的咖啡是从烘焙后的咖啡豆中萃取出来的，那么烘焙前的咖啡豆是如何长成的呢？

咖啡树原产于非洲，有许多变种。每一变种都同特定的气候条件和一定的海拔高度有关。咖啡树对生长环境极其挑剔。它性喜凉爽，最适合生长在肥沃且排水良好的土壤之中，以覆盖着火山灰的土壤最为理想，雨水要适量，旱涝是咖啡树生长的大敌，日照需充足、适时，对灌溉用的水质也有一定要求。

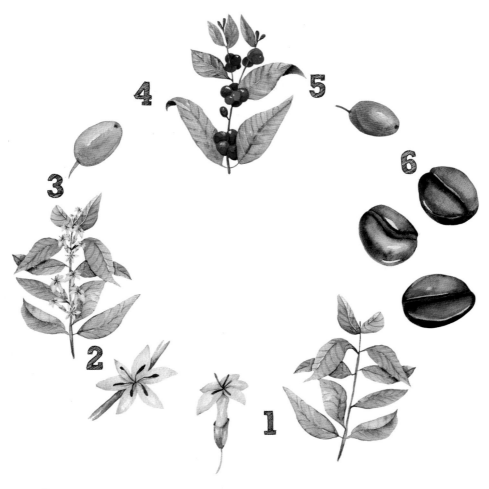

栽培上乘咖啡树的条件相当严格，阳光、雨量、土壤、气温等，都会影响到咖啡的品质。以日照来说，虽然日照是咖啡成长及结果不可或缺的要素，但过于强烈的阳光会影响咖啡树的成长。所以，一般以每日照射两小时为宜。各产地通常会配合种植一些树遮挡阳光，一般多为香蕉、芒果以及豆科等树干较高的植物。由于日照和排水的要求，咖啡树一般都种植在山坡上。

咖啡豆是将咖啡树果实中的种子烘焙而得来的。种子需要经过精心育苗，接着被移栽到土地里。野生咖啡树是常绿灌木，高3.0～3.5米，分枝上有白色小花，具有茉莉花的香味。为了采收更方便，咖啡农会把咖啡树的高度控制在2米以下。果实长1.5～1.8厘米，红色，内有相邻排列的两粒种子，每粒种子外均包有内果皮和表膜。

栽种期:3～5年　　　结果期:6～10年　　　　　　　丰收期:15～20年

咖啡树从栽种到结果要3～5年之久，6～10年的咖啡树最容易结果实，15～20年树龄的咖啡树则是其丰收期。咖啡从种子播种到泥土中的那一刻起，美妙的"人生旅程"就展开了。

咖啡豆这样成长

　　一般一颗咖啡果实中包含两颗咖啡豆，各呈扁半球状，这种正常的豆子称为"平豆"或"扁豆"（Flatbeans）。有时成长过程中其中一颗发育特别好，会将另外一颗吸收掉，或受某些因素影响只有一颗豆子发育，就会长成"圆豆"或"珠粒"（Peaberry），圆豆体型较小且几乎呈圆形。一批豆里有5%的圆豆很正常，由于其量较少，因此价格比平常的咖啡豆高。有些人觉得圆豆紧包于豆中，味道最为浓烈。还有一种体型过大的咖啡豆被称为"象豆"（Maragogipe），它比其他咖啡豆大3倍甚至更多，但口味一般。

1 种子萌芽期
　　咖啡种子播种到泥土中，需要1~2个月萌芽，长出"鹅脖子"状的芽，苗的头部还会随着种子一起埋在泥土里。

2 芽苗生长期
　　3~4个月后，芽苗探出泥土，开始向上伸展，此时的芽苗头部还带有咖啡豆种外壳，叶苗在种壳内继续发育生长。4个月的时候，种壳脱落，可以看到2片明显的叶片，但是初期的叶片和咖啡树叶片的形状有很大差异，这只是最早期的叶苗，在树苗长大后，这2片最早期的叶片会脱落。

3 树苗苗壮期
　　9个月时，树苗开始长出咖啡树的雏形，正常形状的咖啡叶片生长出来（此时，初期的2片叶片还未掉落）。

4 第一次开花
约4~5年，树苗成长为成熟的咖啡树，第一次开花结果。开花时间为每年的1~4月，分3次开花，花朵为白色管状，带有淡淡的茉莉花香。

5 果树成熟期
夏季，白花在一周左右凋谢，长出绿色的咖啡果。4个月后（秋季），绿果果皮开始发黄，黄果约经一个月时间，果皮渐渐转变成红色，待深红色后即可采收。此时果实大小、颜色、形状都与樱桃相似，我们称为"咖啡樱桃"。

收获咖啡豆的时节

手摘法

　　成串的咖啡果实变成红色的时候便可以开始采收了。咖啡界也看出身，优质、成熟的红色品种则由咖啡农用手一颗颗摘下，这种采摘的方法就是手摘法。

摇落法

　　也有为了获得更高的采摘效率而采用的摇落法。咖啡农会在地面铺上布，然后摇晃咖啡树，让成熟的果实跌落到地面，一次性收取。

机器采摘法

　　略次一等的商业咖啡豆就没有手摘的待遇了，它们均被机器采摘，无论是否成熟的果实都会被摘下，这种采摘方法就是机器采摘法。

动物采摘法

　　还有一种特殊的采收方式——动物采摘法，如广为人知的猫屎咖啡就是使用这种方法采收的。能当人类帮手的动物也不少，常见的有猴、雀鸟、麝香猫、大象等。

水与阳光带来清洁的咖啡豆

咖啡果实采收后如果放置不管的话，过不了多长时间就会发酵，所以在采收后需要我们立刻将果肉和果核分离。人们从收获的咖啡果实里取出种子，将种子变成咖啡生豆的过程叫作"清洁"。一般通过日晒法、水洗法、半水洗法和蜜处理法四种清洁方法将咖啡果实变成咖啡生豆。

日晒法

日晒法也称为干燥法。果实在采摘之后不经处理便开始日晒干燥过程，这样可以保留所有的物质，这也是现存最古老的处理方法。干燥的过程通常要持续4周左右，处理的方法必须非常严谨。自然日晒法要求当地气候极为干燥。在有些地区，人们会利用烘干机辅助加速干燥过程，以便更好地控制咖啡果实的干燥程度。

水洗法

果实在采摘后利用水洗和发酵的方法去除果皮、果肉及黏膜，该法在水资源充足的地区使用得比较多。采摘后的咖啡果实会倒入装了水的水槽里浸泡24小时，这时一些杂物、未熟和过熟的果实会漂浮上来，清除后用机器将果皮与果肉去除。再次放在水槽内18～36小时，使其发酵并分解黏膜，而后用清水清洗，再将咖啡豆放到阳光下干燥1～3周。最后一个阶段就是交给工厂进行脱壳，去除内果皮与银皮，然后分级剔除瑕疵豆，再交给咖啡贸易商卖到世界各地。

半水洗法

由于水洗法需要源源不断的活水，很大程度上增加了对环境的污染，所以很多咖啡豆生产基地开始从水洗法转换成半水洗法。将采摘后的咖啡果实倒入水槽里浸泡24小时后，用去除果肉的机器直接去除果肉和果核上的黏液，然后再进行干燥。由于这种方法除去了发酵过程，所以效率很高。

蜜处理法

咖啡豆表层黏膜极为黏滑且糖度极高，因此人们通常称之为"蜜"。果实在采摘后去除果皮，保留部分或所有黏膜，曝晒1~2周，机器去除果肉和内果皮，最后抛光去除银皮。这种方法在整个中美洲广为流传，哥斯达黎加几乎全部产区都在使用蜜处理法。由于黏膜的干燥时间很短，因此在干燥过程中咖啡豆几乎不会发酵。

"黄蜜"保留25%的内果皮

黄色蜜处理咖啡生豆的日照时间最长。光照时间长意味着热度更高，因此这种咖啡在1周内便可干燥完成。

"红蜜"保留50%的内果皮

红色蜜处理咖啡生豆的干燥时间为2~3周，通常由于天气原因或置于阴暗处所致。若天气晴朗，种植者会遮蔽部分阳光，以减少光照时间。

"黑蜜"保留100%的内果皮

黑色蜜处理咖啡生豆放在阴暗处干燥的时间最长，光照时间最短。这种咖啡生豆的干燥时间最少为2周。黑色蜜处理咖啡生豆的处理过程最为复杂，人工成本最高，因此价格最为昂贵。

咖啡豆的分级

一般生产咖啡的国家会用特别的地名、字母、数字、港口、欠点豆、处理方法、品种等命名咖啡豆，如精品咖啡肯尼亚AA咖啡豆、埃塞俄比亚G1咖啡豆（G1、G2是水洗处理，其中G1高级于G2；G3、G4是日晒处理，其中G3高级于G4）等。

部分拉丁美洲国家则以海拔表示品质，咖啡豆越硬，海拔越高，价格越高，如LGA（大西洋高海拔）、MHB（中级硬豆）等。

美国精品咖啡协会（SCAA）则根据缺陷、豆体、海拔等来综合测评，分出精品级、顶级、商用级咖啡豆。

筛选咖啡豆

筛选出咖啡生豆中品质差的豆子，再按照大小、形状和重量的不同，通过机器或人工筛选的方式进一步分类。

水浮法是指将咖啡豆倒入水中，有些咖啡豆因密度低、质量差会漂浮在水面，称为漂浮豆（Floater）。目前常用的机器震动挑选咖啡豆方法，适合大批量咖啡豆的筛选。人工筛选则适用于猫屎咖啡等高等级咖啡豆的挑选。

烘焙咖啡豆是个技术活

咖啡豆的烘焙程度

每一颗咖啡豆中蕴藏着香味、酸味、甜味、苦味，如何淋漓尽致地释放出来则取决于烘焙。咖啡生豆经由专业人士对其进行"烘焙、混合"，加工好的咖啡豆就达到了可以饮用的初级状态。经过烘焙后的咖啡豆看起来色泽更诱人，冲泡出来的咖啡味道也更加香醇可口！

一般来说，咖啡烘焙程度低的酸味会重，深度烘焙的酸味会变少、苦味会增多。但咖啡豆的烘焙程度并不是固定的，正确的烘焙时间才能最大程度地表现出某产地咖啡豆的特质。

烘焙可大致分为浅度烘焙（Light）、中度烘焙（Medium）和深度烘焙（Deep）。一般浅度烘焙的咖啡豆的清爽风味会比较突出，而且风味表现非常丰富，花香、果酸、茶味都是这类咖啡豆的风味表现。而中度烘焙的咖啡豆风味比较均衡，既有清爽的风味又带有厚重的口感。深度烘焙的豆子风味通常比较浓厚，烟熏味、巧克力味和木香味会是这类豆子主要的风味表现，而且会伴随着厚重的口感。

当然，也有一些咖啡味道带有炭烧味，质量均匀却味道柔和，如日本使用的炭火烘焙，但是这种做法成本高、产量少。所以目前所谓炭烧咖啡，基本是强化焦苦味的深度焙咖啡。

浅度烘焙豆　　　　　　　　中度烘焙豆　　　　　　　　深度烘焙豆

烘焙时豆子内部的温度决定烘焙的风味。可以根据烘焙时咖啡豆内部的温度分为以下几个阶段：

1.**咖啡生豆 Green unroasted coffee**

咖啡生豆一般呈青色。 ▶ 此时咖啡豆内温度为23℃。

2.**开始转白 Starting to pale**

刚开始几分钟，表面稍微发白。 ▶ 此时咖啡豆内温度为132℃。

3.**早期转黄 Early yellow stage**

依然在蒸发水分、吸收热量，有少许雨天草地的味道。 ▶ 此时咖啡豆内温度为164℃。

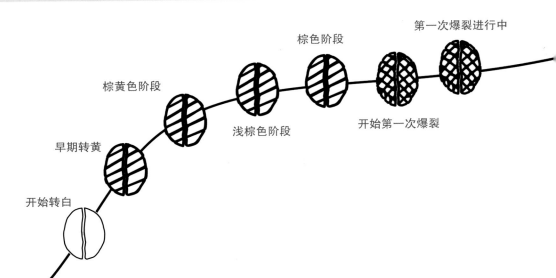

4.**棕黄色阶段 Yellow-Tan stage**

开始呈现出微微的棕色，有少许烤小麦的味道。 ▶ 此时咖啡豆内温度为174℃。

5.**浅棕色阶段 Light Brown stage**

咖啡豆有些许膨胀，中央线的银皮脱落。 ▶ 此时咖啡豆内温度为188℃。

6.**棕色阶段 Brown Stage**

迅速转为棕色。 ▶ 此时咖啡豆内温度为200℃。

7.**开始第一次爆裂 1st crack begins**

听到不密集的爆裂声。 ▶ 此时咖啡豆内温度为205℃。

8.**第一次爆裂进行中 1st crack under way**

咖啡豆表面颜色不均匀，中央线打开。 ▶ 此时咖啡豆内温度为213℃。

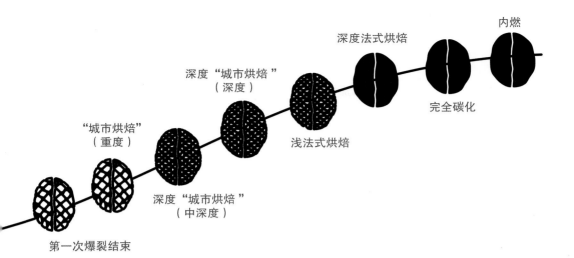

内燃

深度法式烘焙

深度"城市烘焙"
（深度）

完全碳化

"城市烘焙"
（重度）

浅法式烘焙

深度"城市烘焙"
（中深度）

第一次爆裂结束

9.**第一次爆裂结束** 1st crack finishes

咖啡豆膨胀，表面变光滑。

此时咖啡豆内温度为219℃。

10.**"城市烘焙"（中度烘焙）** City+ roast

短时间内颜色急速变暗，苦味和酸味达到平衡。

此时咖啡豆内温度为224℃。

11.**深度"城市烘焙"（中深度烘焙）** Full city roast

即将开始第二次爆裂，苦味较酸味强。

此时咖啡豆内温度为229℃。

12.**继续深度"城市烘焙"（深度烘焙）** Full city+ roast

第二次爆裂10秒后，颜色更深，表面油亮。

此时咖啡豆内温度为235℃。

13.**浅法式烘焙** Light French roast

也被称为维也纳烘焙，咖啡特质被烘焙特质掩盖。

此时咖啡豆内温度为241℃。

14.**深度法式烘焙** Full French roast

内部开始碳化，体积变大，质量变轻，察觉不到酸味。

此时咖啡豆内温度为246℃。

15.**完全碳化** Fully carbonized

烘焙度在碳化之前，有焦糊味。

此时咖啡豆内温度为252℃。

16.**内燃** Immanent fire

接近燃烧状态。

此时咖啡豆内温度为258℃。

养豆与醒豆

说到烘焙咖啡豆，那养豆和醒豆就是必备的项目了。

什么是养豆

喜欢喝红酒的朋友应该都知道，好的红酒在喝之前需要提前1小时开瓶，让红酒氧化一会儿，那样会更有利于香气的释放。虽然原理不同，但咖啡确实也有类似的做法，我们称之为养豆。

咖啡豆烘焙时体积会膨胀，膨胀的空间里藏着二氧化碳，随着时间的沉淀，这些二氧化碳会脱离咖啡豆，排放出去，使得包装中的压力高于一个大气压，压力有助于芳香物质与油脂的融合，让咖啡豆内部所有芳香物质达到容易被萃取的状态。

咖啡豆袋上常有一个单向透气阀，它用于将多余的二氧化碳排出，避免豆袋被二氧化碳撑破。但若咖啡豆已不再排放二氧化碳，应将单向阀用透明胶贴住，防止袋中二氧化碳通过透气阀流失，造成无压力保存的状态，闷坏了原本香气和口感俱佳的咖啡豆，加速咖啡豆的劣化。

单向透气阀

什么是醒豆

　　养豆结束后，将充分熟成的咖啡豆拆封，与空气接触，利用氧化的原理使风味更温和顺口，称之为醒豆。

　　为了去除深度烘焙咖啡豆的苦涩口感，醒豆时间可拉长；浅度烘焙咖啡豆醒豆时间若过长，会使咖啡豆香气散失，口感平淡。因此，醒豆时间跟养豆时间成反比。

选购好豆也要善于保存

影响风味的几种瑕疵豆

未熟豆 Green Bean	也称死豆，发育不健全的未熟咖啡果实会给咖啡带来酸涩的怪味。
粗糙豆 Ragged Bean	因干旱而发育不全的瑕疵咖啡豆。
灰白豆 Pale Bean	一般来自未成熟的或受干旱影响的咖啡果实，烘焙后和正常咖啡豆口感不一样，会破坏咖啡的味道。
黑豆 Black Bean	受到虫害的、枯死的果实中的，过度成熟的果实中的，受金属等外物污染的咖啡豆。
虫蛀豆 Insect Damaged Bean	受害虫入侵的咖啡果实，孵出的幼虫以咖啡豆胚为食。

褐豆 Brown Bean	阿拉比卡咖啡豆中熟过头、过分发酵、发酵不足、肮脏、没脱壳的咖啡豆总称。
发酵豆 Sour Bean	水洗法加工后，管控不当导致二次发酵的咖啡豆，影响咖啡口感。
老豆 Older Bean	一般为滞销品，无内果皮保护的放置了很长时间的豆子。
贝壳豆 Shell Bean	咖啡豆的中央线破裂，导致内部物质流失，形如贝壳。
象耳豆 Elephant Ear Bean	咖啡果实中大豆半围着小豆的畸形豆，这种豆在烘焙过程中可以分开。
狐豆 Foxy Bean	因为过度成熟而略微发红的咖啡豆，或者因延迟去掉果肉而过度发酵的黄色咖啡豆，以及霜冻的咖啡豆。
霉豆 Mouldy Bean	干燥不彻底，或存储、运输过程中潮湿霉变的咖啡豆，咖啡不良口感的主要来源。
臭豆 Stinker Bean	过分成熟、发酵、受到虫害的咖啡豆，带有腐臭发霉的味道，肉眼难以分辨。
去皮机夹碎的豆 Pulper-Nipped Bean	去皮时夹伤的咖啡豆，会降低咖啡的品质。
破碎豆 Broken Bean	干燥过头的咖啡豆在脱壳的时候容易碎，烘焙受热不均匀也会形成破碎豆。
带壳豆 Dried Cherry	水洗法脱壳操作不彻底导致咖啡豆外壳未去除，烘焙时受热不均匀。

鲜度是咖啡的生命

就像蔬菜、水果一样，咖啡豆也是有生命的，新鲜是它最优先的选购标准。生豆会由青色转变成白色，再变为黄色。那么，除了标识上的日期，如何判定烘焙咖啡豆的新鲜度呢？

剥

拿一颗咖啡豆，试着用手剥开，如果咖啡豆够新鲜的话，应该可以很轻易地剥开，而且会发出清脆的声音；若是咖啡豆不新鲜的话，剥开时会感觉很费力。此外，如果剥开的咖啡豆表层颜色明显比里层颜色深很多，则表示咖啡豆在烘焙时火力可能太大了，使用这种咖啡豆煮出来的咖啡香气和风味都不会太好。

闻

将咖啡豆靠近鼻子，深深地闻一下，是不是可清晰地闻到咖啡豆的香气，如果是的话，代表咖啡豆够新鲜。相反的，若是香气微弱，或是已经开始出现油腻味的话（类似花生或是坚果放久会出现的味道），则表示咖啡豆已经不新鲜了。这样的咖啡豆，无论你花了多少心思去研磨、去煮，也不可能煮出一杯好咖啡来。如果购买袋装咖啡豆，通过"单向排气阀"挤出一些袋内的空气闻一下即可。

看

将咖啡豆倒在手上摊开来看，首先观察一下咖啡豆烘焙的颜色是否均匀，然后再观察一下咖啡豆的外形。新鲜且质量好的咖啡豆外形圆润饱满、具有光泽、颗粒大小均匀并且没有残缺。

"出油"现象是指咖啡豆烘焙后表面会出现一层水溶性有机物，浅度烘焙豆在出炉5天后会出现"出油"现象，此时的咖啡豆风味开始下降，而3个月后又会变干，购买需谨慎。而深度烘焙豆在出炉1~2天就会有"出油"现象，4周后会变干，这时咖啡豆就会变成走味豆，不宜购买。

熟豆更要细心保存

　　水分、氧气、光线、高温都是储存咖啡豆的敌人，会让咖啡豆失去芳香味。新鲜烘焙的咖啡豆排气过程通常需要两周，所以两周是尝鲜的最佳期限。但是，只要保存得当，一个月是普遍能接受的最长期限，而咖啡豆的保存期限通常为12~18个月。

　　一般烘焙后的咖啡豆最好用带有单向透气阀的铝箔咖啡袋保存，也可以用陶瓷的罐子保存，但是不要放在其他味道浓烈的产品旁。另外，如果放在冰箱中保存，咖啡豆取出后，要等待回至室温再打开，以免水分凝结在容器表面而受潮，最好不要用这种方式保存。而咖啡粉则会在研磨好的几分钟内大量流失香味，所以建议每次只买两周内可以喝完的量，饮用时现磨咖啡粉。

小贴士

　　陈年豆（Aged Bean）并不是指老豆，是在特定条件下让咖啡豆再次储存成长后的豆子，因为储存不易，所以弥足珍贵。这种咖啡豆必须储存在生产地，要将没有脱掉内表皮的咖啡豆，放在通风的高而凉爽的仓库里，并不时翻动装豆子的麻袋、重新装袋，最少持续3~4个月，也被称为季风处理法。陈年豆豆体金黄，密度和重量降低，酸性变弱，但醇度变高了，质感也变厚重了，闻起来有谷物的味道。

咖啡的完美萃取

精细研磨成就非凡美味

咖啡粉中水溶性物质的萃取有它理想的时间，如果粉末很细，烹煮的时间又过长，造成过度萃取，咖啡可能非常浓苦而失去芳香；反之，若是粉末很粗而且又烹煮太快，来不及把粉末中水溶性的物质溶解出来，就会导致萃取不足，那么咖啡就会淡而无味。

研磨粗细适当的咖啡粉末，对做好一杯咖啡是十分重要的。咖啡豆的研磨程度根据其研磨后咖啡粉的粗细可以分为极细研磨、细研磨、中度研磨与粗研磨。研磨豆子的时候，粉末的粗细要视蒸煮的方式而定。极细研磨主要适用于制作意大利浓缩咖啡，细研磨主要适用于简单的萃取（如挂耳式咖啡），中度研磨制作主要用于滤纸滴漏壶和虹吸壶，粗研磨可适用于法式压滤壶。但是，为了保证咖啡中成分的萃取，即使研磨细粉也不能减少咖啡豆的用量，否则只会得到更苦的咖啡，还有不足的风味。

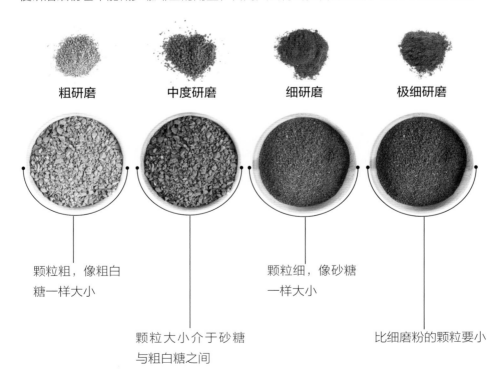

| 粗研磨 | 中度研磨 | 细研磨 | 极细研磨 |

颗粒粗，像粗白糖一样大小

颗粒大小介于砂糖与粗白糖之间

颗粒细，像砂糖一样大小

比细磨粉的颗粒要小

咖啡器具与萃取展示

将热水倒到咖啡粉上，使咖啡里面的成分溶入水中并进行过滤，这样的过程叫作"萃取"。萃取咖啡时使用的工具不同，萃取方式也不同。萃取工具主要有滤纸滴漏壶、法式压滤壶、虹吸壶、摩卡壶等。萃取时，水温（和咖啡粉接触时的水温）、萃取时间（水与咖啡粉的接触时间）和咖啡颗粒大小都会对咖啡的味道产生影响。

萃取主要分为五种方式：

❶滤纸冲泡式：用滤纸辅助冲泡的美式滴滤壶制作咖啡，是最轻松、卫生的泡法，但掌握冲泡的度需要长时间锻炼。

❷泡煮式：这是最简单、最传统的方法，以法式压滤壶为代表，还有土耳其咖啡壶。

❸蒸汽加压式：这种方法萃取的咖啡上都会有一层"咖啡油"，大多咖啡馆使用意式咖啡机萃取咖啡，香浓且有效率，摩卡壶也属于蒸汽加压式萃取，还有新式的咖啡制作工具爱乐压、胶囊咖啡等。

❹虹吸式：虹吸壶俗称"玻璃球"，萃取过程充满了艺术性和仪式感，是不少咖啡迷的最爱。

❺水滴式：又称冰滴咖啡，以冰水萃取，过程缓慢，萃取后还需冷藏发酵2日。

滴漏壶 Paper Drip

滴漏壶是利用滤纸过滤的方法对咖啡进行手工提取，是最普通的提取方法，其制作原理是水在重力作用下过滤咖啡粉，同时带走咖啡中的咖啡油脂和其他物质。

咖啡滴滤的过程

步骤	过滤时间	咖啡提取量
浸泡	25~30秒	出现一两滴提取液的程度
第一次	提取30秒	70毫升
第二次	提取20秒	50毫升
第三次	提取40秒	30毫升

操作过程

利用滴滤原理制作咖啡的咖啡壶还有：Chemex咖啡壶、Eva Solo咖啡壶、台式聪明杯、越南滴滴壶等。

1 使用无漂白的原木浆咖啡滤纸，先折起咖啡滤纸接合的一边，再将滤纸撑开呈漏斗状。

2 将咖啡壶放置在电子秤上，在咖啡壶上放置手冲滤杯，滤杯中放入折好的咖啡滤纸。

3 往滤纸上倒入热水，将滤纸浸润，让滤纸和滤杯贴合得更加紧密，此外，将烧开的300毫升热水倒入咖啡壶中，待咖啡壶温热后将水倒回水壶内，这样可以保持器具温热，同时也可将高温的开水降到83~85℃的适当温度。

4 往滤纸中倒入中度研磨的20克咖啡粉，摇晃过滤器，平铺咖啡粉，倒入热水，咖啡粉体积会迅速膨胀，20~30秒后膨胀现象渐渐消退，待咖啡粉表面出现缝隙时从中心开始往外扩散，以画螺旋形的方式倒入热水，进行3次萃取。

5 咖啡在重力作用下慢慢地滴滤下来，当咖啡的萃取量达到150毫升时即可，萃取结束后加入热水调整咖啡的浓度，再将咖啡壶中的咖啡倒入咖啡杯中即可。

法式压滤壶 French Press

　　法式压滤壶也叫法压壶，顾名思义是发源于法国的一种由耐热玻璃瓶身和带压杆的金属滤网组成的简单冲泡器具。起初多被用作冲泡红茶之用，因此也有人称之为冲茶器，家用、店用均可。

操作过程

1 提前对法式压滤壶进行加热，再将法式压滤壶的盖子连同过滤网拿出来，向壶中倒入粗研磨的10克咖啡粉，将30毫升的90℃热水冲入壶中，闷20~30秒。

2 务必将全部咖啡粉都浸没在热水中，轻柔搅拌数次。

3 再往壶中倒入150毫升热水，盖紧盖子，将压杆往下放，使滤网恰好与水平面接触，在注意保温的前提下静置3分钟。

4 将压杆匀速平缓向下压，直至将滤网压到底，使得咖啡液与咖啡渣分离（建议使用粗研磨的咖啡粉，因为如果研磨过细，咖啡液中会带有一些残存的咖啡渣而破坏口感）。

5 将萃取的咖啡倒入加热过的杯子中（一杯成功的法式压滤壶咖啡表面会浮着一层咖啡油，这也是决定它独特口感的重要因素）。

摩卡壶 Moka Pot

摩卡壶是一种用于萃取浓缩咖啡的工具,在欧洲和拉丁美洲普遍使用,在美国被称为"意式滴滤壶"。摩卡壶可使受压的蒸汽直接经过咖啡粉饼,并穿过咖啡粉饼,将咖啡的内在精髓萃取出来,咖啡的表面会浮现一层薄薄的咖啡油。

瘦长型摩卡壶储水容器高、深,受热慢,压力高,适合蒸煮浅度烘焙咖啡豆;中高型摩卡壶适合蒸煮中度烘焙咖啡豆;矮胖型摩卡壶储水容器宽、低,受热快,压力低,适合蒸煮深度烘焙咖啡豆。铝制摩卡壶不能在电磁炉上使用。

操作过程

1 将90毫升热水注入下座,水位在安全阀以下0.5厘米的位置。

2 将中度研磨好的15克咖啡粉装满粉槽,然后将粉槽轻磕几下,确保咖啡粉能充分填实,并且将粉槽边上周围的粉清理干净。

3 将上座、粉槽、下座组合好,一定要扭紧,防止摩卡壶漏气。

4 用小火加热摩卡壶
（新手可开着盖子观
察，否则容易煮过头。
2~3分钟的时候，有咖啡
液流出）。

5 等咖啡升到壶中金属管70%~80% 的高度时关
火，将壶放在冷水泡过的毛巾上待上30秒，这
样做可防止咖啡萃取过度。最后，将萃取好的咖啡
倒入加热过的咖啡杯中即可。

意式咖啡机 Espresso Coffee Maker

意式咖啡机分为全自动和半自动两种。全自动意式咖啡机只需把咖啡豆放入，按下按钮就可以出咖啡。半自动意式咖啡机则需要自己磨豆或者购买咖啡粉，完成装粉、压粉这一系列操作过程，咖啡店通常使用半自动咖啡机以便把控质量。

意式咖啡的灵魂

影响意式咖啡品质的主要因素：

咖啡豆拼配（Miscela）

意大利人认为单品咖啡豆口味不均衡，综合多种咖啡豆才能拼配出风味绝佳的浓缩咖啡，这也可提高饮品的稠度。

浓缩咖啡机（Macchina）

高压是浓缩咖啡和其他咖啡萃取方式最明显的不同之处，一般商用咖啡机都有9巴（压强单位）左右的冲煮压力。浓缩咖啡的制作时间非常短（只有20~30秒），必须要有很大的压力，迫使热水快速通过咖啡粉，完成萃取。而萃取浓缩咖啡的完美水温，在90~94℃。

正确的磨粉（Macinazione）

有了高压，有了热水，还需要深度烘焙的极细咖啡粉！浓缩咖啡的制作时间非常短，要将咖啡的香气、风味在短短30秒内萃取完整，除了高压之外，咖啡粉必须要磨得很细。

咖啡师的技术（Mano）

每个熟练的吧台咖啡师都有自己的风格，熟练的咖啡师才是意式咖啡的灵魂。

"Crema"是什么

浓缩咖啡通常伴随着一种副产品——"Crema"，它像一层奶油一样浮在咖啡表面。新鲜烘焙的咖啡豆富含二氧化碳，制作浓缩的过程中，这些二氧化碳都迫于压力，融进了咖啡之中。当热水通过咖啡粉饼，从粉槽里流出来的咖啡液体，从9个大气压回到了正常的1个大气压。此时，因为压力差，二氧化碳会膨胀开来，变成所谓的"Crema"，其实"Crema"就是泡泡，根本不是油脂。

一般来说，"Crema"应该是细腻、有光泽、持久的，如果粗糙、有大气泡、很快消散则品质不佳。

通过"Crema"辨别萃取程度

如果"Crema"呈浅黄色、白色，则表示咖啡豆为轻度烘焙、极深度烘焙或不新鲜的，也有可能咖啡粉用量过少；呈褚红色则表示咖啡豆为中度至深度烘焙、较新鲜、咖啡粉用量正常；呈深褐色则可能是咖啡粉用量过多、咖啡机水温过高、水流速度过慢。

使用压粉器时用力大则可能导致"Crema"上出现深色虎斑纹，如果轻压颜色则较浅。

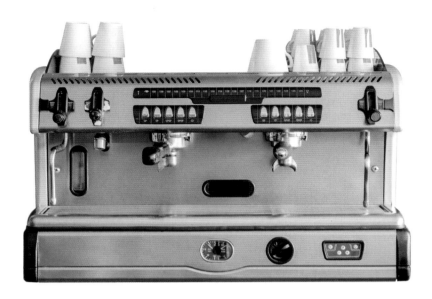

操作过程

1 在滤器中盛入极细研磨的18克咖啡粉。

2 为了使滤器中的咖啡粉中间没有任何空隙，用填压器（手柄）在咖啡粉上按压。

3 按压至咖啡粉表面平整。

4 将滤器安装在意式咖啡机上。

5 开始萃取，确定了意式咖啡机的压力大小和水的温度后开始测量准确的提取时间（最理想的提取时间是20~30秒一杯），最后提取咖啡即可。

虹吸壶 Siphon

虹吸壶俗称"塞风壶",是咖啡馆最普及的咖啡煮法之一。虹吸壶是利用热胀冷缩原理,通过水加热后产生蒸汽,将下球体的热水推至上壶,待下壶冷却后再把上壶的水吸回来,火、蒸汽、压力、重力的接力让制作过程具有观赏性。虹吸壶滤布每次使用后都要浸泡清水保存,如长时间不用可放入冰箱冷冻,以免产生异味。

操作过程

1 将300毫升热水倒入下壶中(如果倒入的水是凉水的话,就需要用很长时间进行加热,因此最好倒入热水),把过滤器放进上壶,用手拉住铁链尾端,轻轻钩在玻璃管末端,使过滤器位于上壶的中心部位(注意不要用力地突然放开钩子,以免损坏上壶的玻璃管)。

2 将底部燃气炉点燃,把上壶斜插入下壶中,等待下壶的水烧开,冒出连续的大泡泡。将橡胶边缘抵住下壶的壶嘴,使铁链浸泡在下壶的水里。

3 在下壶的水开始往上爬,待水完全上升至上壶以后,稍待几秒钟,等上升至上壶的气泡减少一些,再倒入细研磨至中度研磨的30克咖啡粉,用木勺左右拨动10次左右,把咖啡粉均匀地拨开至水里。

4 经过25秒后用木棒进行第2次搅拌，上壶中会分出咖啡沫、咖啡粉、咖啡液3个层次，分层后1分钟左右熄火，等待咖啡滴入下壶中。

5 当咖啡全部滴落下来时，上壶的咖啡粉会呈现出拱形，这个时候的咖啡口感是最佳的。提取过程结束后，将下壶分离出来，将里面的咖啡倒入加热过的咖啡杯中即可。

冰滴壶 Cold Brew Coffee Tower

　　1699年荷兰人到印尼爪哇岛种植咖啡，他们要改成以冷水冲泡咖啡的原因是希望能减少咖啡中的酸味，认为饮用咖啡会造成胃不舒服的原因是咖啡中的酸味在作怪，所以用冷水来冲泡咖啡能避免咖啡的酸味，而且能让冲泡好的咖啡保存较长的时间。

　　冰滴咖啡在滴漏的过程中不会散发香气，把咖啡的香气完整地保留在咖啡液中，等到咖啡入口后，它浓郁的酒香及果香才会散发出来。咖啡粉百分之百低温浸透湿润，萃取出的咖啡口感香浓、顺滑、浑厚，令人赞赏，所呈现的风味更是出类拔萃。调节水滴速度，以5℃低温，长时间滴漏，让咖啡原味自然重现。

操作过程

1 将100毫升冷开水倒入200克冰块中混合，制成冰水混合物。

2 将中度研磨的30克咖啡粉倒入装有滤网的萃取瓶中，并将咖啡粉铺平，置于收集瓶上方，再将滴盘放在萃取瓶上方。

3 将冰水混合物放入盛水容器中，慢慢打开水滴调整阀让盛水瓶有水滴流出，以10秒8滴左右的慢速滴滤为佳。

4 待上壶的冰水滴完后，取出萃取瓶，将萃取好的咖啡倒入密封瓶中，盖上盖子。

5 将密封瓶放入冰箱冷藏2天，待咖啡发酵，取出咖啡，倒入装有冰块的咖啡杯中即可。

爱乐压 Aero Press

　　爱乐压是一款具有现代气息的简便咖啡萃取工具，它兼顾泡煮、滤纸冲泡、加压3种方式。因为有滤纸，得到的咖啡比法压壶更干净；因为有充分浸泡并有一定压力萃取，得到的咖啡比滤纸冲泡更浓郁；因为不使用明火、手动加压，比机器加压的咖啡要淡，还不会有摩卡壶咖啡的焦苦味。

操作过程

1 倒扣爱乐压；量取咖啡豆，细研磨成咖啡粉，倒进滤筒中，缓慢注入100毫升约80℃的热水。

2 用搅拌棒搅拌约10秒。

3 将滤纸放入粉槽，润湿滤纸，扣在滤筒上，湿润橡胶密封塞。

4 将爱乐压正放在大玻璃杯上，轻缓下压约30秒至咖啡萃取完毕。

5 将萃取好的咖啡倒入咖啡杯中即可。

CHAPTER 2

成为一名咖啡客

成为一名咖啡客，
就要把咖啡融入自己的生活，
很多时候，
这考验的不止是味蕾。

在全世界品尝咖啡

咖啡以其醇香的气味在漫长岁月中赢得了全世界人民的喜爱，自然而然地成为世界三大饮料之一。可以说全世界的人都在喝咖啡，但又与各自的传统文化相结合，衍生出不同的咖啡文化，甚至形成了不同的咖啡风味，这也赋予咖啡不一样的魅力，使越来越多的人爱上咖啡。下面我们就来了解一下世界各地的咖啡文化吧，首先从咖啡的故乡说起。

咖啡的故乡——埃塞俄比亚

　　埃塞俄比亚是非洲阿拉伯种咖啡的主要生产国之一，出产全世界最好的阿拉比卡种咖啡。据说，咖啡是由埃塞俄比亚咖法地区的牧羊人最先发现的，咖啡的名字也由咖法演变而来，所以埃塞俄比亚算是咖啡的故乡。到现在，咖法地区仍然有5000多种咖啡树种，其中绝大多数还不被世人所了解。好在这些咖啡树品种都被埃塞俄比亚政府保护起来了，将来还会有更多咖啡树种被发现，世界上会产生更多咖啡品种。

　　了解埃塞俄比亚的人都知道，这是一个由许多高山组成的国家。两个站在不同山头的人距离近得完全可以面对面说话，但是如果要走到一起则需要步行数十千米的距离。这种地域完全不适合人工种植咖啡树，所以到现在为止，该国的咖啡大多还都是野生的。这些天然咖啡一直口碑不错，卖相也很好。

　　埃塞俄比亚人民嗜饮咖啡，一天起码喝3次咖啡，名字不同，分别为"最好的一杯（Abol）、第二杯（Tona）、第三杯（Bereka）"，到朋友家去做客，对方就会问你："该喝哪一杯了啊？"家家户户都备有咖啡壶和炭炉。通常将一种叫"亚当的健康"（Health of Adam）的植物放进咖啡中一起饮用。

天方夜谭式的土耳其占卜咖啡

咖啡在中东国家，宛如《一千零一夜》里的传奇神话，是蒙了面纱的千面女郎，既能帮助人亲近神，又是冲洗忧伤的清泉。

土耳其人喝咖啡，喝得慢条斯理，一般还要先加入香料，各式琳琅满目的咖啡壶具，更充满天方夜谭式的风情。一杯加了丁香、豆蔻、肉桂的阿拉伯咖啡，饮用时满室飘香，难怪阿拉伯人称赞它"麝香一般摄人心魂"了。

传统土耳其咖啡的做法，是将浓黑的咖啡豆磨成细粉，连糖和冷水一起放入红铜质地像深勺一样的咖啡煮具（Ibrik）里，以小火慢煮，经反复搅拌和加水，大约20分钟后，一小杯50毫升又香又浓的咖啡才算大功告成。由于当地人喝咖啡是不过滤的，这一杯浓稠似高汤的咖啡倒在杯子里，不但表面上有黏黏的泡沫，杯底还有咖啡渣。土耳其有句谚语："喝你一杯土耳其咖啡，记你友谊四十年。"在中东，受邀到别人家里喝咖啡，代表了主人最诚挚的敬意，因此客人除了要称赞咖啡的香醇外，还要切记即使喝得满嘴渣，也不能喝水，因为那暗示了咖啡不好喝。

在土耳其，喝一杯咖啡占卜一年的运程，几乎是所有土耳其人的习惯。土耳其人根据咖啡喝完后杯里咖啡渣的形状来占卜。土耳其咖啡因而成为世界上唯一的一种能算命的咖啡。在土耳其的大街小巷，悬挂的最多的是咖啡店的招牌。那么，穿行于咖啡店的男女占卜师，就成了土耳其咖啡店的另一道景观。新年里，他们穿梭的身影更添了些许热闹，而土耳其占卜咖啡也被当作新年必饮的节日咖啡。

2013年，土耳其咖啡的传统文化正式被列入联合国教科文组织人类非物质文化遗产代表作名录。

"魔鬼般"的意大利咖啡

1615 年，咖啡刚刚传入意大利时，许多神父认为咖啡是"魔鬼撒旦的杰作"，当教皇克雷蒙八世从温热的杯中啜下一口"魔鬼般"的浓黑浆液后，却情不自禁地赞叹道："为何撒旦的饮品如此美味！如果让异教徒独享美妙，岂不可悲，咱们给咖啡进行洗礼，让它成为上帝的饮料吧！"

意大利最有名的是浓缩咖啡（Espresso），是表面浮着金黄泡沫的纯黑咖啡。一份50毫升的咖啡浓稠滚烫，好似从地狱逃出来的魔鬼，每每一饮便叫人陷入无可言喻的魅力中，难以忘怀。由于不喜欢咖啡渣，欧洲人发明了几种咖啡壶，使咖啡文化变得更加讲究。

意大利人对咖啡情有独钟，咖啡成为生活中最基本和最重要的饮品。起床后，意大利人要做的第一件事就是煮上一杯咖啡，从早到晚杯不离手。女人到意大利旅行要小心两件事：意大利男人和意大利咖啡。在意大利，咖啡和男人没有本质区别，就像意大利的一句名言："男人就要像一杯好咖啡，既强劲又充满热情！"

如果你是一位初到意大利的游客，当你向侍者提出买一杯咖啡带走的小小要求时，这在别的地方并不是什么特别难办的事情，但是在意大利，侍者是不会允许你这么做的，他们会摆出一张迷人的笑脸，然后劝说你留在咖啡馆里喝完再走。

浪漫法国的咖啡沙龙

　　17世纪开始，在法国上流社会中，出现了许多因为咖啡而形成的文化沙龙。在这种充满优雅、知性气氛的沙龙中，文学家、艺术家和哲学家们在咖啡的振奋下，创造出无数的文艺精品，为世界留下了一批瑰丽的文化珍宝，相继诞生了洛可可风格与自由主义的新文学、艺术及哲学思想。

　　塞纳河蜿蜒穿过巴黎市中心，河右岸是繁华的金融贸易消费区，左岸是人文荟萃、文化积淀深厚的拉丁区，那里集中了众多的咖啡馆、书店、美术馆和博物馆。蒙巴纳斯街上的丁香咖啡馆是美国作家米勒、海明威，爱尔兰作家乔伊斯和西班牙画家毕加索经常光顾的地方，那里至今还保留着海明威常坐的椅子，海明威曾说："如果你有幸在年轻时去巴黎，那么以后不管你到哪里去，它都会跟着你一生一

世。巴黎就是一场流动的盛宴。"圣日耳曼教堂对面的花神咖啡馆和它隔壁的双偶咖啡馆是存在主义大师萨特和波伏娃日常讨论和写作的地方，波伏娃正是坐在花神咖啡馆临街的窗口，给她的美国情人奥尔格伦写下了那些热烈的情书；甚至毕加索刚到法国时，还因为囊中羞涩，靠那些尚不值钱的画作换取在咖啡馆的食宿，那位善良的老板怎么也想不到，他给予毕加索的人情关怀，日后竟会得到如此丰厚的回报。法国的咖啡馆在20世纪初达到了空前的繁荣，它们是全世界作家和艺术家心目中的圣地和精神家园。

咖啡是法国人日常生活中必不可少的一部分。法国人可以一天不吃饭，但是不能一天不喝咖啡。可以说，咖啡馆在巴黎无处不在，只要是有人的地方就会有咖啡店。如果你去法国观光旅行，在车水马龙的香榭丽舍大道、蔚蓝色的地中海岸、清静冷僻的街道，看到那些或富丽堂皇，或古朴雅致，或斑驳简陋的咖啡馆，你不妨进去坐坐，感受一下那里的环境和氛围。

法国一向以咖啡馆出名，自然也有几种代表性的咖啡了。最值得一提的就是高贵的皇家咖啡。这一道咖啡可是由一位能征善战的皇帝发明的，他就是大名鼎鼎的法兰西帝国的皇帝——拿破仑！他不喜欢奶味，他喜欢的是法国的骄傲——白兰地！他在咖啡中掺入烈酒。这款咖啡最大的特点是在饮用时需要将白兰地和方糖点燃，当蓝色火焰起舞，白兰地的芳醇与方糖的焦香，再配合浓浓的咖啡香，苦涩中略带着丝丝的甘甜，将法国的高傲、浪漫完美地呈现出来。

另一款值得品鉴的咖啡就是浪漫温馨的庞德咖啡，又称玫瑰咖啡，是法国最流行的花式咖啡之一。别致的创意、美丽的造型，适合情人对饮，或一个人享受寂寞之美。浓浓的咖啡香混合着酒香，令人心醉神驰！最美丽的是咖啡端上桌的一刹那，花颜灿烂，情人对视微笑，多少情意缠绵花瓣间……

维也纳飘荡着拿铁与音乐

咖啡，全世界到处都有，但若要说喝得优雅，喝得高尚，喝得有灵魂，那么维也纳绝对是个中翘楚。欧洲人认为是土耳其人让咖啡流入欧洲，但是维也纳人让品尝咖啡变成了文学，变成了艺术，变成了一种生活。咖啡和音乐绝对是维也纳人津津乐道、引以为豪的东西。

在维也纳的整个城市里，有数不清的咖啡馆，整个"音乐之都"不仅流动着悠扬的韵律，还弥漫着咖啡的浓香，让人深深地陶醉其中。"不在咖啡馆，就是在去往咖啡馆的路上"，这句话指的就是维也纳人的优雅生活。位于市中心的"中央咖啡馆"是维也纳最著名的咖啡馆之一，这里曾是诗人、艺术家、剧作家、音乐家和外交官们聚会的场所，招待过许多名人，诸如贝多芬、莫扎特、舒伯特和施特劳斯父子。这样的咖啡馆在维也纳还有很多，几乎每个老牌咖啡馆都能与名人联系在一起，于是维也纳的咖啡馆就成了继巴黎之后，又一个可供观光客瞻仰和朝拜的地方。

在维也纳的咖啡馆，你只要点上一杯咖啡，就可以在这里看书看报、闲聊天，想待多久就待多久。如果你杯中的咖啡喝完，服务员会主动端来一杯清水，这不是他们在变相下"逐客令"，而是真诚地希望你能继续享受咖啡馆里的闲暇时光。但如果服务员给客人送去第二杯水，则表示你在这里停留的时间太长了。

奥地利的咖啡馆还常备有报纸、杂志供顾客阅览，这种服务特色出现在咖啡还没有被人广为接受的时候，不少咖啡馆通过免费提供报纸来吸引顾客，在当时一份报纸的价钱比一杯咖啡要高两倍。如今报纸的作用已不复存在，但这种做法却保持下来，构成独特的奥地利咖啡文化。

咖啡与生活不可分割的中欧、北欧

　　中欧和北欧的咖啡爱好者不像意大利人那么热情如火，也不像法国人那么浪漫似水，这里的人喝得理智又温和，正像他们的民族性格一样。欧洲人的生活与咖啡几乎密不可分，除了法国，从中欧到北欧几个国家品尝咖啡的习惯与口味可以说是大同小异，奶和糖是他们不可或缺的咖啡伴侣，偶尔也会发挥一下创造精神，制作一些与众不同的咖啡。就如同爱尔兰咖啡，这是一种鸡尾酒的咖啡饮品，原料是爱尔兰威士忌加咖啡豆，特殊的咖啡杯、特殊的煮法，如同他们的人认真而执着、古老而简朴，当然，还少不了奶和糖。

　　中欧国家的人们在家使用的大多是简便的手冲式滤纸咖啡壶，以及家庭用电热咖啡壶，而营业场所大多使用的还是能够大量快速供应咖啡的意式浓缩咖啡机，只不过使用的咖啡豆口味不同。这些国家的咖啡馆通常都把咖啡、糖、奶三项分得很清楚，许多咖啡馆的价目表上都列出黑咖啡与加奶咖啡的不同价格，有些甚至连加奶的分量也列出来。历史上伦敦的咖啡馆不仅是经济情报的交换所，也是市民交流的地方，只要付一便士，就可以阅读店内各种报纸杂志，并且交换心得，同时也可以品尝到香醇可口的咖啡，所以又有"廉价综合大学"的称号。

　　北欧人民平均的咖啡饮用量一直在世界上名列前茅，没有什么比数据更能表达他们对咖啡的热爱了！芬兰人年均消费咖啡量居世界首位。瑞典的人均咖啡消费量仅次于芬兰，在这里喝咖啡的习惯是通过一种传统——"fika"培养出来的，指朋友、家人或同事聚在一起喝咖啡。

冰雪俄罗斯的"燃料"咖啡

　　在天寒地冻的俄罗斯，一杯暖暖的咖啡会带给你一些热量。喝咖啡的方式，主要着重在咖啡的保温和加热上，为了配合咖啡口味的特性，还可搭配鲜奶油与橘子片制作的点心。当然在俄罗斯冰天雪地的季节喝咖啡，绝对少不了添加"精神燃料"伏特加酒来驱寒。不过伏特加是一种酒精含量非常高的烈酒，不胜酒力的人可以用少量白色的朗姆酒代替它，驱寒的功效也不错，最重要的是不那么容易醉。

　　咖啡文化已悄然融入俄罗斯民众的生活，咖啡正成为俄罗斯中产阶级青睐的新型饮品。除了习惯在家里喝速溶咖啡外，他们对研磨咖啡的需求也不断增长，现在俄罗斯人已经习惯了在咖啡店里阅读、工作、与朋友约会。而在俄罗斯圣彼得堡有家出名的文学咖啡馆，据说1837年普希金正是从这家店喝完最后一杯咖啡后直接奔赴决斗地点的。不仅如此，莱蒙托夫、陀斯妥耶夫斯基、舍夫契克等人也常是这里的座上客，这里至今还可以感受到当初文学家们的文思激越和诗人最后的激情与浪漫。今天，文学俱乐部"文学咖啡"即设立于此。

美国的"苦役咖啡"

关于美国人喝咖啡的传统最多的说法就是"自由精神"，却忽略了另外一种说法，那就是美国的"苦役咖啡"。

美国人的生活习惯来自欧洲移民，然而早期的欧洲移民并非和平到达美洲的，他们大多数都是苦役犯，只有少数是来自欧洲上层社会的殖民统治者。饮茶是欧洲人的传统，但茶叶十分昂贵。做苦役的人没有钱喝茶，他们在渴了累了的时候只能喝咖啡。但是欧洲传统的咖啡太浓，喝多了会不舒服。为了解渴，也为了省钱，那时的美国人就把咖啡冲泡得非常淡。

到现在为止，有些美式咖啡壶上储水槽的水量刻度还有两个不同的标准：大的那个是美国标准，小的那个则是欧洲标准。

"波士顿倾茶事件"是美国独立战争的导火线。当时的殖民地政府对进口茶叶征收高额的关税，激怒了当地的商人。他们联合起来在波士顿举行了一次抗议活动，把大量的茶叶倒入大海。由于茶叶来源被截断，更多当地人转而喝咖啡，这也是美国人喝咖啡比喝茶多的历史原因之一。

美国独立战争之后，苦役犯驱逐了殖民者，获得了国家主权，喝淡咖啡的习惯就这样延续下来了。

现在美国人一般以滴滤式咖啡壶或电动咖啡壶来烹调咖啡。用这种方式制作的咖啡较清淡，但经过奶精、鲜奶和糖的调和，就变成一种极可口的饮料。早晨起床、休息时间、用餐后等，几乎都有咖啡的影子，许多人早上起床可以不吃早点，但绝不能不喝杯咖啡提神。美国人平时喝咖啡，通常是将整壶煮好的咖啡放在保温盘上保温，以备在上班时或做家事时随时饮用，而且为了随时饮用，所使用的杯子是方便的马克杯。

罗布斯塔也有好味道——东南亚风味咖啡

东南亚地区物价相对较低，人们比较倾向购买拼配的咖啡，主要以当地特产的利比里卡咖啡豆为主，辅以少量阿拉比卡咖啡豆和罗布斯塔咖啡豆。

在这里，还有一种特别名贵的麝香猫咖啡——猫屎咖啡，主要产于印度尼西亚。但是由于市场泛滥，麝香猫多为人工圈养，对动物本体损害很大，这样制出的咖啡品质很差，更多的只是打着猫屎咖啡的名号而已。

东南亚著名的特产是白咖啡，与其他地区高温烘焙的黑咖啡不同，白咖啡是以长时间低温烘焙，加入奶油和糖，去除了焦、苦、酸、涩等味道，低咖啡因，入口香浓顺滑。在马来西亚，喝咖啡可以选择不放炼乳的"咖啡乌"、不放糖及炼乳的"咖啡乌加厚"、加炼乳和糖的"咖啡"，以及受老人喜爱的"咖啡少糖"等。

南印度的人们热衷于在咖啡中加入大量牛奶和砂糖，喝这样的咖啡有助于缓解味觉刺激，尤其是吃过辛辣食物后。

越南作为世界第二大咖啡出口国，这里的罗布斯塔咖啡豆经过奶油烘焙，保留了其特有的醇厚度，也加强了香气。尤其是冰咖啡，让人回味无穷。

与茶并行的东亚咖啡

　　东方是茶的天下，咖啡虽然在明末就随着传教士和商人传入中国，却始终流传不广。当时并没有专门的咖啡馆，一般是在西餐厅里卖。我国第一本记载咖啡的食谱，是清朝宣统元年的《造洋饭书》，将咖啡译为"磕肥"。20世纪90年代以来，咖啡渐渐进入了百姓的生活，喝咖啡的人越来越多了，这时咖啡主要分为工作时提神用的速溶咖啡，以及休闲时咖啡馆的现磨咖啡。

　　日本的咖啡是传教士和商人带来的。据记载，首次登陆日本的咖啡，是出自长崎出岛的荷兰商馆，所以当时与荷兰商馆有接触的人都能由此获得咖啡。但是当日本明治天皇开始接受西方文化时，日本社会也掀起了一股学习洋人的风尚，日本的高官、富贾都以享受西洋食物为荣，咖啡自然也进入了日本的上流社会。日本是一个善于吸收与融合的民族，绿茶咖啡首次出现是在1877年，明治维新时代。咖啡被当作象征欧洲文化的高级饮料，绿茶和咖啡的不同香味在口中交流激荡，如同那时日本与西方文化的交流过程，不断进行冲突与融合。

　　总而言之，咖啡文化融于各国风俗习惯中，并伴随着不同的风俗习惯而变迁，咖啡只是一种媒介，融于生活中，展现它的魅力与风采，同时演绎成另一种社会文化。

特殊的咖啡馆文化

名人与咖啡的故事

　　说到咖啡，都会想到从路边小摊到大餐厅都少不了咖啡的法国，而咖啡在法国，从古至今都是一种精神食粮，就如散落在咖啡馆里的法国哲学……

　　伏尔泰是法国启蒙思想家、作家、哲学家，他工作时常喝咖啡加巧克力，这个喝咖啡长达65年的人，给法国文学界书写了璀璨的一页。

　　奥诺雷·德·巴尔扎克，法国19世纪伟大的批判现实主义作家，法国现实主义文学成就最高者之一，被称为现代法国小说之父。他豪饮咖啡20年，是一个视咖啡如命的人，他有一句名言广为流传："我不在家，就在咖啡馆；不在咖啡馆，就在去咖啡馆的路上。"咖啡，成就了他的《人间喜剧》。

　　拿破仑·波拿巴，公认的战争之神，也是一位世界著名的军事家、政治家，一生也酷爱喝咖啡，他形容喝咖啡的感受是"适当数量的浓咖啡会使我兴奋，同时赋予我温暖和异乎寻常的力量"，传闻皇家咖啡就是由这位皇帝发明的。

随着欧洲其他国家咖啡文化的兴起，越来越多的名人在咖啡馆得到灵感……

文森特·凡·高，荷兰后印象派画家，表现主义的先驱，并深深地影响了20世纪的艺术，尤其是野兽派与表现主义。他生前有个小小的心愿："也许有那么一天，我的画能在一间咖啡馆里展出。"他的很多经典之作也都在咖啡馆创作而成，如《朗格洛瓦桥》《夜间的咖啡馆》《黄房子》。

斯蒂芬·茨威格，奥地利著名小说家、传记作家，擅长写小说、人物传记，也写诗歌戏剧、散文特写和翻译作品。他这样形容当年的维也纳咖啡文化："咖啡馆始终是一个接触和接受新闻的最好场所。要了解这一点，人们必须首先明白维也纳的咖啡馆是什么。事实上，维也纳的咖啡馆是一个在世界上其他任何地方都找不到的文化机构，是一个民主俱乐部，而入场券不过是一杯咖啡的价钱。"

约翰·塞巴斯蒂安·巴赫，巴洛克时期的德国作曲家，杰出的管风琴、小提琴、大提琴演奏者，被称为"西方音乐之父"。巴赫著名的《咖啡康塔塔》体现了咖啡与音乐的快乐交融。

咖啡在美洲广受欢迎之后，众多名人也爱上了有咖啡陪伴的日子。

马克·吐温，美国著名作家和演说家，这位风趣幽默的演说家习惯在早餐时喝美式咖啡，曾描述自己喝土耳其咖啡的感受——我一口喝下又浓又苦的咖啡，虽然只是那么小小的一杯，那些咖啡渣却固执地堵在我的喉咙和胸口，使我呼吸不顺，足足咳了半个小时……

阿尔伯特·爱因斯坦，德裔美国物理学家，相对论的提出者，在大都会的咖啡馆里，爱因斯坦时常端着一杯咖啡，手里拿着一本书，一坐就是一下午。在这里，爱因斯坦读完了名著《科学的价值》。

欧内斯特·米勒尔·海明威，美国作家和记者，被认为是20世纪最著名的小说家之一，是美国"迷惘的一代"作家中的代表人物。他在回首自己的过去时惊觉自己"不过是一个流连忘返于各个咖啡馆的异乡人"。

切·格瓦拉，马克思主义革命者，古巴领导人之一。他是古巴共和国的英雄，也许因为咖啡馆长期以来都是"煮咖啡论天下事"的地方，所以古巴咖啡馆无不挂着他的肖像画，这成为当地的一道风景。

那些奇特的咖啡馆

20世纪前的咖啡馆

在前几个世纪，咖啡馆是交流思想和诞生文学灵感的地方，那些政要人物、艺术家、作家、银行家、精英分子在这里畅所欲言，诞生了大批经典之作。

1530年，世界上第一家咖啡馆在土耳其君士坦丁堡诞生。

现存最古老的咖啡馆是意大利的弗罗里安咖啡馆，诞生于1720年，位于威尼斯圣马可广场旁，曾经是许多艺术家、文学家及大文豪聚集的地方。如今，斑驳的墙面让这座咖啡馆带有一种古典的浪漫氛围，咖啡馆内部装饰得美轮美奂，镶嵌着众多名人壁画，光彩熠熠。

1760年，古希腊咖啡馆在意大利的西班牙广场开设，这是当时社会名流喜爱的又一个聚会场所，拜伦、歌德、门德尔松、雪莱、安徒生、李斯特、尼采等都曾光顾这里。这是一个古老的咖啡馆，更是一个馆藏丰富的博物馆，室内墙壁摆放着大幅画作，大理石小圆桌、红丝绒桌椅、身着燕尾服的侍者都彰显着几个世纪前的优雅。

花神咖啡馆位于巴黎塞纳河旁圣日耳曼大道，创立于1887年。这里常年聚集着参观的人群，夏加尔、海明威、毕加索等众多名人曾经汇聚于此。店内花团锦簇，带着欧式的复古与讲究，也有着法式的浪漫与温馨，让人流连忘返。

波蔻咖啡馆始于1686年的法国，是巴黎的第一家咖啡馆，店内装饰精致奢华。喝下咖啡就灵感万千的大文豪巴尔扎克常驻此地，而门口左手边还挂有据说是拿破仑抵扣在这里的一顶帽子。

中央咖啡馆有着超过150年的历史，位于音乐之都维也纳。中央咖啡馆曾经是维也纳政治与经济中心，知识分子、政治家、银行家、艺术家都曾流连于此。其外表充满了古典气息，内部以大理石圆柱支撑着高大的穹顶，上面绘满了壁画，高贵又华丽。现在这里被命名为"费尔斯特宫"。

四只猫咖啡馆位于西班牙巴塞罗，创办于1897年。当年众多艺术家在这里举办展览，年轻的毕加索就是在这里举办了他的第一次展览，至今店里还挂着当年展出画作的复制品，这里也是19世纪末现代主义运动的中心。

苏黎世咖啡馆位于瑞士苏黎世湖旁，由于瑞士属于第二次世界大战中立国，当年这里是各国知识分子、流亡作家、艺术家常光顾的地方，列宁、爱因斯坦、墨索里尼等传奇人物都曾来过这里。

当代流行的咖啡馆模式

如果说19世纪的咖啡馆兴起于名人雅士之间，代表当时的时尚、高雅，当代的咖啡馆则偏重娱乐性，更贴近人们的生活。

第一家星巴克咖啡馆建于1971年的西雅图，装修具有仓库风格。1966年后，美国掀起一场精品咖啡革命，**阿尔弗雷**德·皮特带领美国摆脱"牛仔咖啡"污名，也给了星巴克咖啡灵感，现**在全球都**能看到星巴克的身影。作为全球最大的咖啡连锁店，其品牌效应辐射全球**。

而凭借地理优势走红的咖啡店，通常拥有不常见的美景。日本北海道的云海咖啡馆，在度假村的山顶能见到世间罕见的云海景观，坐在这里，仿佛咖啡中都带着梦幻色彩，被称为离天国最近的咖啡馆。洞穴咖啡酒吧位于西班牙梅诺卡岛南部的峭壁上，这里面朝大海、背靠岩壁，还有丰富的考古遗迹，堪称一座露天博物馆。3440咖啡馆位于奥地利阿尔卑斯山脉冰川上方3440米处，咖啡馆的名字也由此而来。咖啡馆建筑造型独特，能欣赏完美的冰川景色，可以看到维尔德峰和皮茨河谷的景色，还有奥地利海拔最高的缆车。

随着咖啡馆遍地开花，普通单一的咖啡馆已经不够吸引人们的视线，于是出现了各种"有卖点"的咖啡馆，明星咖啡馆、动物咖啡馆、"女仆"咖啡馆等。明星开的

餐厅或咖啡馆通常有一种名人效应，这不再是几个世纪以前的名人效应，这种由明星带来的顾客通常是明星的粉丝，或者普通顾客因为对明星形象的信任而来。动物咖啡馆中比较出名的是猫咪咖啡馆和狗狗咖啡馆，这两种动物在生活中随处可见，都是很好的伴侣宠物，因为种种原因不方便养宠物的人可以去这里，点一份饮品，买一些零食投喂宠物。"女仆"咖啡馆来自日本的二次元文化，主要参考动漫中的女仆角色，由年轻店员扮演女仆给客人一种新奇感。美国有一家咖啡馆由机器人全程冲制咖啡，这也是它吸引顾客的一点。

咖啡馆的位置通常是固定的，这时车子咖啡馆应运而生。这些走街串巷的巴士咖啡馆、货车咖啡馆、马车咖啡馆、单车咖啡车、手推咖啡车等，灵活机动，可以很方便地提供咖啡外卖服务，是一座座移动咖啡吧台。

而咖啡馆与商店结合的方式，可以为咖啡馆带来更多客源，顾客在购买东西的同时可以休息一下，品一杯咖啡。通常的结合方式有，超市咖啡吧、蛋糕店咖啡吧、服装店咖啡吧、书店咖啡吧等。

当然，咖啡吸引人的更应该是味道。所以一些咖啡馆推出了具有自己特色的独创咖啡，棕榈酒热咖啡、苏打糖浆咖啡、菊苣咖啡、冰滴咖啡等，还有各式搭配咖啡的点心来满足人们的味蕾。

当咖啡滑过味蕾

解析咖啡的构成

咖啡经历发芽、成长、采摘、清洗、晾晒、运输、储藏、烘焙、研磨、萃取，最终形成了其独特的味道，每一个环节都可能导致咖啡豆的风味有所不同。

单宁酸　咖啡果实本身就是一种水果，富含单宁酸，所以当咖啡豆制成的咖啡温度下降之后，会释放单宁酸，咖啡的酸味会更明显。不过咖啡的烘焙程度越低，酸味越明显，而烘焙较深的咖啡和冰滴咖啡普遍不会有这个问题，慢火低温烘焙的白咖啡则因加入其他材料也酸味较小。精品咖啡浪潮里苦味并不受待见，人们推崇的好喝的咖啡应该口感均衡带甜，酸质轻微明亮且尾韵绵长。

咖啡因　大众普遍认为咖啡中的苦味来自咖啡因，其实不然。提纯后的咖啡因为白色针状固体，无味，可以刺激中枢神经、心脏和呼吸系统。所以喝咖啡最好在进食后，以免刺激胃，睡觉前6小时最好不要饮用咖啡，以免失眠。从咖啡豆的品种来说，罗布斯塔咖啡豆中的咖啡因含量比阿拉比卡咖啡豆高出一半，烘焙越深，咖啡因就挥发得越多，含量就越少。

粗纤维　咖啡生豆的纤维烘焙后会炭化，与焦糖结合形成咖啡的色调，但化为粉末的纤维会给咖啡风味带来一定的影响。

脂肪 咖啡所含的脂肪分为多种，最主要的是酸性脂肪和挥发性脂肪，挥发性脂肪是咖啡香气的主要来源，在风味分析上是重要的角色。所以烘焙过的咖啡豆不能长时间保存，其所含脂肪接触到空气会发生化学反应，味道会变差。

糖类 咖啡本身含有一定糖分，在不加糖的情况下细品咖啡，会在酸、苦味后品尝到甜味。烘焙后，咖啡豆中的糖分大部分会转为焦糖，这会给咖啡豆带来深浅不一的褐色。

绿原酸 咖啡的苦味与酚类化合物有关，其中最常见的就是绿原酸，在阿拉比卡生豆中含量占8％，而在罗布斯塔生豆中含量高达10％。绿原酸本身并没有苦味，但是烘焙后产生化学反应，会有一定的苦味，这有助于保证口感的层次感，补足风味和口感。未成熟的咖啡豆会含有更多的绿原酸，所以喝起来会更苦涩。减少咖啡苦味的方法就是不要过度萃取。

蛋白质 咖啡中的蛋白质不会影响味道与颜色，但是咖啡中的蛋白质不容易溶解于水中，所以喝咖啡摄入的热量比较低。

好咖啡如同好红酒

品鉴一杯好咖啡的步骤

一杯好咖啡端到面前，我们应该学会品鉴它。品鉴一杯好咖啡有几点要素：香气、颜色、风味与回味，下面就来说说如何品鉴。

 第一步
闻香

闻香又分干香与湿香两种，干香是咖啡豆研磨后咖啡粉的味道，湿香则是冲煮后咖啡液的味道。舌头其实是无法辨别气味的，只有当咖啡的香气进入鼻腔时，才能感知到咖啡的气味。

 第二步
观色

咖啡的颜色会根据不同的品种略有区别，像非洲的肯尼亚咖啡液偏红。黑咖啡最好呈现深棕色，而不是一片漆黑和深不见底。

第三步
尝味

当咖啡喝到口中的时候，你能感受到它不同的风味。然而刚刚开始接触咖啡品鉴的爱好者，总认为咖啡喝着没有闻着好。的确，咖啡液在口中进行准确的感官辨别是需要一定锻炼的。

 第四步
回味

品鉴的最后一项就是回甘，所谓的回甘，是指咖啡在口腔中和咽喉处给人们带来的余韵。咖啡在喝下去后总会有一种味道从喉咙处返回来，回味持久而清晰，这样的咖啡生豆的质量较高。

各种味觉测试、训练是提升自己味觉灵敏度的有效方法，不必太追求咖啡广告上描述的那些咖啡风味。

杯测——描述咖啡

干香气、湿香气 Fragrance，Aroma

研磨烘焙豆后，干燥的咖啡粉所发出的香气，就是干香气。咖啡粉冲泡成咖啡液后所发出的香气是湿香气。

风味 Flavor

有的咖啡风味多样，酸、甜、苦面面俱到，有的则酸味极度泛滥，完全占领你的嗅觉和味觉。也有人习惯用"感觉"来主宰判断咖啡是否有自己的风格，是否别具风格或有水果芳香，气质是温柔还是阳刚……这是所有品味过程中最感性的一面，也是从口腔到鼻腔所有味觉感知的综合表现。

余韵 Aftertaste

余韵也叫回味，是指咖啡在吞下去或是吐掉以后，在口腔、喉头与食管所遗留的感觉。新鲜是影响回甘的最主要因素，新鲜咖啡豆做出来的意式浓缩咖啡，在喝完以后，除了从口腔到食管残留的咖啡的芳香以及被刺激后的余韵外，喉头还会涌上一股酥麻的感觉，持续两三分钟；而整个令人陶醉的余韵在三四十分钟以后才会消失。回甘使你的呼吸充满着芳香，让你不忍喝水把它冲淡。这和过度萃取产生的令人不适的辛辣、刺激与干涩感大大不同。

酸度 Acidity

酸度是指咖啡入口后，轻留在舌尖的滋味。"酸"字看来刺眼，其实是咖啡豆的果实原味和新鲜活力，就像葡萄酒一样，都蕴藏在它的酸味里。新鲜咖啡散发的酸味带着果实的芳香，就像柠檬、葡萄、苹果等水果中所含的天然果酸，口味愉悦而清新，而不是过期腐坏酸臭味。咖啡中，以强烈酸性闻名的是也门"摩卡"咖啡。

醇度、口感 (Body, Mouthfeel)

醇度是指咖啡在口中浓稠黏滑的触感，约和咖啡中的胶质悬浮量成正比。由于整个口腔都会感受到醇度，我们用"丰厚"来形容质感浓稠的咖啡，反之则用"单薄"。醇度单薄的咖啡喝起来的口感像酒或是柠檬汽水，而醇度丰厚的咖啡口感则像是全脂鲜奶甚至糖浆。

啜饮咖啡后，在舌背和口腔徘徊不去的味觉感受是浓烈还是清淡？这就是"口感"。质感醇厚的咖啡，即使咖啡粉浓度不高，仍能带来强烈的味觉震荡。一般来说，墨西哥咖啡口味最清淡，而苏门答腊曼特宁咖啡质感则最强烈。

均衡度 (Balance)

均衡度是指咖啡有复杂而令人感兴趣的特色，但没有某一种特色特别突出。

甜味 (Sweet)

在形容咖啡味道的字眼里，甜味有两种意思：第一种是糖对舌尖产生的刺激，也就是一般所谓的甜味；另一种则是指在深度烘焙到意式浓缩咖啡烘焙之间（开始出油前后），由于部分涩味物质消失，赋予咖啡一种低酸性、圆润柔和且质感丰富的甘醇味道，令人联想到糖浆。

刺激感、涩味 (Bitter)

这是深度烘焙豆的特征，和酸味一样，不一定会令人不适。刺激感有点像汽水带来的口感，是整个口腔与喉咙而不只是舌头的感觉。一般美式咖啡或是赛风式咖啡会用"浓烈"来形容这种特色。

纯净度 (Clean Cup)

咖啡没有土味、不狂野，并且没有缺陷和令人眼花缭乱的特色。水洗的哥伦比亚咖啡可谓此类咖啡的代表。

平顺 **Smooth**

平顺指酸味与刺激感微弱,偶尔加一点点糖而且不用加牛奶就可以舒服地饮用。甘甜的意式浓缩咖啡即可如此形容。

复杂度 **Complexity**

同一杯咖啡中所并存的不同层次的特色,复杂度高表示可以感受到的感官刺激种类较多。要注意的是这些感觉包括了余韵,不一定限于喝的瞬间的感受。

深度 **Depth**

这是一个较为主观的形容词,指超越感官刺激的共鸣与感染力,是一些细致的感觉或是不同感觉间的复杂交互作用所产生的内心感受。

香味 **Aroma**

弥漫游走在空气中的咖啡醇香。从烘焙、研磨到冲煮,咖啡豆在它漫长旅途中的每一站,都极尽力气释放芳香。

一致度 **Uniformity**

杯测时,取五杯咖啡风味的一致性。

整体评价 **Overall**

一款咖啡整体而言如何,优异、一般、不喜欢……这反映了杯测者对其的整体评估。

至于咖啡给我们的味觉,其他常用的词还有丰富(Richness)、特色(Character)等等,咖啡味道有的可以望文生义,有的意思太含糊,这需要我们不断地品尝和甄别,通过实践的积累必然会成为优秀的品鉴家。

牛奶与咖啡交融的艺术

咖啡拉花也被称为拿铁艺术（Latte Art）、牛奶制作的艺术。其主要分为拉花（Free Pour）和雕花（Etching）。前者炫技，后者花样全。

什么是"Espresso"

"Espresso"一般被译为浓缩咖啡，其实它有四种含义。

首先，它代表一种烘焙颜色，一般代指深度烘焙的咖啡颜色，制成的咖啡带有焦糖味、颜色较深。

其次，它可以指一种调配咖啡豆，专为意式浓缩咖啡机配制。理想的调配咖啡豆应该是各要素间能够取得平衡，口感鲜明，饮后喉间感到甘醇而不苦涩的。

然后，它代表一种快速压煮的咖啡，也可以说是这种萃取方式使用压力，而不是重力（滴滤）。

最后，这是一种咖啡饮品，代表浓缩的、香味醇厚、新鲜的意式咖啡，还可以作为更多品种咖啡的基底，与奶类调配出更多样的咖啡。

奶泡的艺术

一杯赏心悦目又美味的拉花咖啡，除了需要完美的意式浓缩咖啡外，还需融合绵密温暖的奶泡。牛奶发泡的基本原理就是往液态的牛奶中打入空气，利用乳蛋白的表面张力作用，形成许多细小泡沫，让液态的牛奶体积膨胀，成为泡沫状的牛奶泡。

影响奶泡的3个因素

在制作时，奶泡质量常常会不稳定，这是因为奶泡容易受到各种因素的影响。并不是能拉花的奶泡就是质量好的，了解并熟悉这些因素的相互作用，是打好优质奶泡的基础。通常打奶泡时会产生蒸汽加热牛奶（steamed milk）和泡沫牛奶（milk foam）。蒸汽加热牛奶是杯子下层的液态牛奶，泡沫牛奶在杯子上层，呈泡沫状。

牛奶温度

牛奶的温度在打发牛奶时是很重要的因素，牛奶的保存温度每上升2℃时，其保质期将会缩短一半。而温度越高，乳脂肪的分解越多，发泡程度就越低。当牛奶在发泡时，起始的温度越低，蛋白质变性越完整均匀，发泡程度也越高。另外要注意的是，最佳的牛奶保存温度应在4℃左右。冷藏过的牛奶可以延长发泡时间，使其能发泡充分、泡沫细腻。拉花缸也可放入冰箱冷藏，确保牛奶温度的稳定。

牛奶脂肪

一般来说，脂肪的含量越高，奶泡的组织会越绵密，所以，使用高脂肪的全脂鲜奶，打出来的奶泡才会又多又绵。

牛奶脂肪对发泡的影响

脂肪含量： 无脂牛乳＜0.5%

奶泡特性： 奶泡比例最多、质感粗糙、口感轻

起泡大小： 大

脂肪含量： 低脂牛乳0.5%～1.5%

奶泡特性： 奶泡比例中等、质感滑顺、口感较重

起泡大小： 中

脂肪含量： 全脂牛乳＞3%

奶泡特性： 奶泡比例较低、质感稠密、口感厚重

起泡大小： 小

拉花缸的大小和形状

拉花缸的大小与要冲煮的咖啡种类有关，越大的杯量就需要越大的拉花缸。一般来说，制作卡布奇诺时使用容量为600毫升的拉花缸，冲煮拿铁咖啡则应使用容量为1000毫升的拉花缸。使用正确、合适的拉花缸才能打出组织良好的牛奶泡。拉花缸的形状以尖嘴形的为佳，较容易制作出理想的成品。而不锈钢材质的拉花缸导热快，容易加热和帮助咖啡师手测牛奶温度。

制作手打奶泡

　　手动打奶器打出来的奶泡能否用来拉花？答案是肯定的。事实上，手动打奶器非常好用，制作出来的奶泡也能够满足拉花的需求，大部分操作者都能自如地操作这个小工具。手动打奶可以用热牛奶，也可以用冷牛奶。热牛奶打成奶泡后可用于拉花咖啡的制作，冷牛奶打发后多用在冰咖啡中。

　　还有一种手持式电动打奶泡器，比纯手动打奶器更便捷、快速。

图解手打奶泡的过程

1.将牛奶倒入奶泡壶

　　将牛奶（冰牛奶0~5℃，热牛奶65~75℃）倒入扎壶（发泡钢杯）中至1/3~1/2壶。将盖子与滤网盖上，检查好扎壶（发泡钢杯）的活塞。

2.打发牛奶

　　将盖子与滤网盖上后快速抽动滤网将空气压入牛奶中，抽的时候不需要压到底，因为是要将空气打入牛奶中，所以只要在牛奶表面动作即可。次数也不需太多，轻轻地抽动30下左右即可。

3.处理奶泡

　　打完奶泡后垂直抽出活塞有利于把打出的粗泡赶出，再用处理蒸汽奶泡的方法上下震动二三下，使较粗大的奶泡破裂，经过这样的处理，奶泡用起来更称手。将奶泡倒入拉花缸中即可进行拉花。

制作蒸汽奶泡

制作绵密细致的蒸汽奶泡包括两个阶段：

第一个阶段是发泡

发泡就是用蒸汽管向牛奶内打入空气使牛奶的体积变大，让牛奶发泡。

第二个阶段是融合

融合就是指利用蒸汽管打出的蒸汽使牛奶在拉花缸内产生旋涡，让牛奶与打入的空气混合，使较大的粗奶泡破裂，分解成细小的泡沫，并让牛奶分子之间产生连结的作用，使奶泡组织变得更加绵密。

在蒸汽奶泡的制作过程中，蒸汽有两个作用，首先是加热牛奶，其次是将牛奶和空气混合，使牛奶形成一种乳化液，这种乳化液有着天鹅绒般柔滑的质感。

图解机器打奶泡的过程

1.选择低温牛奶

想要制造好的奶泡，就要选用新鲜的低温牛奶，倒入清洗干净的扎壶（发泡钢杯）中，注意不能装满，倒至1/3的位置。

2.释放遗留在喷气口的热水

使用意式咖啡机的蒸汽管之前，释放遗留在喷气口中的热水。

3.将空气注入牛奶中

将咖啡机的蒸汽管伸入鲜奶中0.3～0.5厘米（如果喷气口插入得太深就会出现很大的噪声，牛奶就会变热；如果喷气口离牛奶太远，很容易出现牛奶到处乱溅的现象），旋开蒸汽钮加热至60～65℃，此时奶泡量约八成满或满杯。

4.完成

移开扎壶（发泡钢杯），用湿布擦拭蒸汽管，再次排放蒸汽，避免蒸汽孔被牛奶堵塞，舀出表面较粗糙的奶泡即可。

享受手绘雕花时光

咖啡雕花是指在卡布奇诺或拿铁上做出的花纹，只需要用意式咖啡和牛奶就可以调配出不常见的图案，所有的人都深深被咖啡雕花神奇而绚丽的技巧所吸引。

相较于拉花的熟能生巧，雕花是一个制作时间比较长的过程。雕花师先在制作好的意式浓缩咖啡中添加做好的奶泡，待倒入的奶泡和咖啡已经充分混合时，表面会呈现浓稠状，用咖啡拉花针或巧克力酱在咖啡表面勾画出更为细腻的图形。

当然，也可以直接用模具盖在咖啡表面，撒上可可粉，可可粉通过镂空的位置形成图案，这种方式对于人流量较大的咖啡馆来说，可以节省制作时间。

近年流行的3D奶泡拉花也属于雕花的一种，相较于绘制，这种拉花咖啡更注重用奶泡堆叠出动物外观轮廓，再用可可粉或巧克力酱点缀出动物五官。

制作较复杂的雕花，需要先确定图案，并在一个九宫格内构图，以免手动绘制时位置、比例失调。而随着科技的发展，3D打印技术的形成，可以直接调好咖啡，再通过机器来绘图。

邂逅拉花咖啡

拉花就是将带有奶泡的牛奶倾倒入浓缩咖啡中，使两种泡沫混合形成独特的图案。在混合热牛奶和浓缩咖啡的过程中，牛奶表面搅拌空气和牛奶的泡沫与浓缩咖啡表面脂肪、气体和浓缩咖啡混合的"Crema"混合在一起。由于这两种泡沫都相对稳定，倾倒底部牛奶时形成的图案可以保持较长时间，就成了拉花咖啡。由于奶泡体积比较大，所以制作时需要一只比较大的杯子，最好是卡布奇诺杯或者是马克杯。

拉花有姿势

咖啡拉花有三种基本图形——桃心（Heart）、郁金香（Tulip）、树叶（Rosetta），而近年随着玩拉花咖啡的人增多，也有人在勺中或者咖啡杯壁拉花炫技。那么咖啡拉花有什么技巧呢？

（1）手势：倾斜杯子，顺势将奶泡推入咖啡中，注意奶泡推入咖啡制造的线条，待快完成时缓慢将杯子调正，拉花结束。

（2）高度：拉花缸距离杯子5~10厘米的高度，顺时针且缓慢地倒入牛奶，让奶泡与咖啡混合均匀，调成一块可以作画的泡沫"画布"。在调好"画布"后，拉近距离，快速移动，用奶泡开始"作画"。

（3）流量："反派死于话多，拉花死于泡多"，倒入奶泡过多、过快都会导致图案变形，如果此时拉花缸距离杯子特别远，还会如瀑布一样溅起很多泡沫，彻底摧毁"画作"。所以应该在调匀"画布"后，降低拉花缸高度至接近咖啡液面，再加大奶泡的流量，开始拉花。

（4）控制：在保证手势、高度、流量的情况下，轻柔地摆动拉花缸，会得到更多线条，这需要精准地控制移动速度和位置。绘制细长的"花茎"时，先将拉花缸拉高至5厘米左右，再倒入牛奶穿过图案。

（5）关于奶泡的要求：打好的奶泡不要放置太久以免分层或消泡，也不要在拉花缸装入过多、过稀的奶泡，以免导致拉花结束时才出现奶泡、拉花失败。

拉花有赛事

世界咖啡拉花比赛"The Millrock Latte art Competition"每年在美国举办，来自世界各地的咖啡拉花高手聚集于此，展现创意与技巧。世界咖啡大师竞赛"World Barista Championship"（WBC）是目前全球最重要的国际咖啡赛事，素有"咖啡界的奥林匹克大赛"之称，咖啡拉花更是选手们必备的专业技术，由此可见咖啡拉花在咖啡界的重要性及专业性。

杯子控

用不同杯具享受咖啡

制作一杯好的咖啡不仅需要好的咖啡豆和娴熟的萃取方式，咖啡杯也是至关重要的配角。好马配好鞍，好咖啡也要配好杯子。咖啡杯的颜色、大小等都对咖啡的饮用起决定性的影响。选对了杯子，一杯完美的咖啡才能出场。快看看你是否为你的咖啡选对了杯子。

颜色

咖啡的颜色呈清澈的琥珀色，为了将这种特色表现出来，最好选用杯内呈白色的咖啡杯。虽然有些咖啡杯内涂上了各种颜色，甚至描上细致的花纹，使杯子在摆放时很好看，但往往会影响从咖啡的颜色来分辨咖啡冲泡完成的情况以及对品质好坏的判断。

温度

制作咖啡的一个必要环节就是温杯。一般家用半自动浓缩咖啡机的顶部都有一个放咖啡杯的平台，可以加热杯体。新鲜萃取的咖啡一旦倒入冷杯子，风味便会大打折扣。所以，咖啡杯的导热与保温效果对咖啡品尝体验来说也是十分关键的。咖啡杯和喝红茶的杯子相比，杯口更小且杯壁稍厚，这样可以防止咖啡冷却。

总之，不管选择什么材质的咖啡杯，饮用之前都不要忘记温杯。如果杯子是凉的，会影响咖啡的味道，当然，冰咖啡除外。

规格

除了杯子温度、颜色以外，还要考虑杯子的质地、重量是否顺手。重量轻盈一些比较好，这样的杯子质地细致，而细致的质地则代表制作咖啡杯的原料颗粒细腻，因此杯面紧密而空间小，不易将咖啡污渍附着在杯内。

而品味咖啡的乐趣除了咖啡本身，还要注重整体效果。一套质地精细，雕花细腻的咖啡杯碟，承载着香醇浓厚的精品手工咖啡，再配块甜点，这就是慢生活的意义所在吧！

滴滤咖啡杯 For Drip Coffee

【使用说明】

滴滤咖啡没有固定的杯量，对于容量的要求不是很高。欧洲与美国使用的标准不同，欧洲的滴滤咖啡较浓，杯子较小，一般只有120～150毫升；而美国的滴滤咖啡较淡，用的杯子较大，因此美国人常用马克杯来喝咖啡。

【容量规格】

120～300毫升。

【外形特征】

杯壁较厚，有助于保温。

卡布奇诺咖啡杯 For Cappuccino

【使用说明】

根据所选用的杯子容量，配制比例有所不同，因此咖啡口味也有所差别。

【容量规格】

150～250 毫升。

【外形特征】

杯壁很厚（既为了保温，又不会显得咖啡太少），杯口不大，一般高度比直径要大一些。

意式咖啡杯 For Espresso

【使用说明】

意式咖啡的分量较小，所以不适合使用太大的咖啡杯。大的咖啡杯不仅看起来不美观，而且咖啡表面的油脂也容易粘在杯壁上，只能喝到很少的油脂。

【容量规格】

50~100毫升。

【外形特征】

杯壁很厚（即为了保温，也不会显得咖啡太少），杯口不大，一般高度比直径要大一些。

拿铁杯 For Caffe Latte

【使用说明】

这是意大利传统的拿铁咖啡杯，如果担心烫手，可以选用带把手的直边玻璃杯，或带不锈钢套的玻璃杯。

【容量规格】

300~350毫升。

【外形特征】

直边玻璃杯，杯底很厚，以免烫手。

花式咖啡杯 For General Flavoured Coffee

【使用说明】

现在有很多骨瓷杯，样式美观，使用的人比较多。通常用于非标准花式咖啡，样式没有固定标准，只要容量差距不大，不在很大程度上改变咖啡的配制比例就可以。

【容量规格】

约为200毫升。

【外形特征】

通常使用杯壁比较厚的咖啡杯，以便于保温。

爱尔兰咖啡杯 For Irish Coffee

【使用说明】

爱尔兰咖啡杯都有固定的容量标准，可以根据杯子容量来调整配制方式。这是一种专用杯，生产厂家会注明这个杯子的名称和用途。一般有两种，一种类似红酒杯子，但不完全相同，另一种是低脚杯。

【容量规格】

200~300毫升。

【外形特征】

杯壁都比较厚，杯脚比较粗。

冰咖啡杯 For Iced Coffee

【使用说明】

对于不同的冰咖啡可以选用不同样式的杯子，以便于区别。一般没有特别要求，常用的有果汁杯、啤酒杯、水杯等等。这些也都是酒吧常用的杯子。

【容量规格】

300~400毫升。

【外形特征】

一般没有特别要求。

皇家咖啡杯 For Royal Coffee

【使用说明】

容量不宜太大，否则不便于架皇家咖啡勺。

【容量规格】

120~150毫升。

【外形特征】

外形美观，有皇家用具的感觉即可。

属于自己的咖啡角

一个合格的咖啡客家中，应该有一个属于自己的角落，专门堆放各种咖啡用品，以便自己随时享用咖啡，也是对自己的无声诱惑。通常咖啡角的面积不需要很大，一张桌子或小吧台就可以胜任，也可以在厨房里充分利用空间，悬空或贴墙摆放。

咖啡角最常见的配置就是一袋咖啡豆、一台磨豆机和一个咖啡壶。一般可以选择体积不太大的摩卡壶、法压壶、土耳其咖啡壶等。

也可以选择一台电动咖啡机，搭配一些小绿植，更有一些随心所欲的气息，适合给快节奏生活舒压。

想要精致生活，还可以选择手冲咖啡器具或有艺术性的虹吸壶。

不需要磨粉的"方便"咖啡

速溶咖啡——省事不一定是好事

速溶咖啡，是将咖啡萃取液中的水分蒸发掉，而获得的干燥的咖啡提取物。这种咖啡也通常被咖啡迷们所抗拒。

1930年，为了应对咖啡豆过剩的问题，巴西咖啡研究所同瑞士雀巢公司商议，设法生产一种加热水搅拌后即可成为饮料的干型咖啡。雀巢公司用了8年时间进行研究，发现了最有效的方法——通过热气喷射器来喷射浓缩咖啡提取物。热气使咖啡提取物中的水分蒸发掉，而留下干燥的咖啡粒。这种粉末因容易在开水里溶解而成为受大众欢迎的饮料。新的速溶咖啡以"雀巢"的名称投放市场，从那时以后这个品牌闻名世界。

速溶咖啡能够很快地溶化在热水中，而且在储运过程中占用的空间和体积更小，更耐储存，而且区别于较为繁复的传统咖啡冲泡方式，速溶咖啡更便于冲泡，因此很快就流行开来。

但是速溶咖啡几乎丧失咖啡的本征香味，而要把这些香味补回来唯一的办法只有加入香精和添加剂，而这也是咖啡迷们最不能接受的地方。制作商们在咖啡粉里加入各种香料和添加剂模仿咖啡本身的香味后，还制造出各式各样的"新口味咖啡"，让新的咖啡消费者们产生一种错觉，以为那就是咖啡的原味。而当人们饮用速溶咖啡

时，不但吸收不到咖啡中丰富的营养成分，还可能在无意中吸收许多对身体有害的成分。

再说咖啡口感，常喝速溶咖啡的人往往还喜欢加一些"咖啡伴侣"。"咖啡伴侣"也叫"植物蛋白"，是一种"植物末"，它主要含有两种成分，一个是"葡萄糖浆"，是一种既能增加甜味又能使咖啡变稠的混合物；另一个是"氢化植物油"，也就是被誉为"餐桌上的定时炸弹"的反式脂肪酸。反式脂肪酸对人体有很多危害。

除此之外，速溶咖啡中的咖啡因可全部溶于热水中，而烘焙咖啡豆的咖啡粉则由于颗粒粗大，咖啡因就远少于速溶咖啡。这也是为什么速溶咖啡对人体的刺激更强烈的原因，会使心脏跳动加速、脉搏加快，咖啡浓度过高时，太阳穴还会有明显的蹦跳感。

从咖啡豆的选择上来看，有些速溶咖啡也比不上自己挑选的咖啡。罗布斯塔豆的风味比较贫乏、酸涩、呆板，而未经烘焙的罗布斯塔豆闻起来会有种生花生的腥气，烘焙之后的味道则介于大麦茶和橡胶轮胎味之间。而且罗布斯塔豆的产地大多在越南，中国的海南、云南以及非洲的一些国家，人工成本也格外低，考虑到成本和人工原因，许多速溶咖啡的生产商都选择罗布斯塔豆。另外，罗布斯塔种的咖啡因的含量高于阿拉比卡种3.2%左右，这就造成了速溶咖啡的有害物质成分含量也较多。

所以速溶咖啡被部分人认为是一种工业化合成品，是一种快捷也是无奈的咖啡代用品。如果冲泡时没有勺子搅拌均匀，可以先在杯中倒入一些热水，放入咖啡粉后再倒入一些热水摇晃杯子，就可以搅拌均匀，适合随身携带。

挂耳咖啡——滴滤式速成咖啡

挂耳咖啡因为外包装像是耳朵挂在咖啡杯壁上而得名，新鲜研磨的咖啡粉装在滤袋里密封保存。虽然也是即冲即享型的速成咖啡，它却比速溶咖啡更具有手磨咖啡的香味。

萃取时先将滤袋两旁的"耳朵"打开，即把挂架拉开，外层翻折。再把咖啡包顶部撕开，成为口袋状。将咖啡包挂架设于浅底咖啡杯上，缓慢倒入热水，以滴滤式倒水法冲制，冲好后如果喜欢浓郁口感还可以静置半分钟，再拿起咖啡包，就可以将天然咖啡豆的酸、甘、苦、醇、香完美体现。

一般自己制作或咖啡馆现制的挂耳咖啡包要考虑研磨咖啡粉受潮等因素，所以应尽快使用。而商品型的挂耳咖啡外包装内通常会充入氮气隔绝潮气，还可以保鲜，特别适合于居家、办公室和旅行使用。

胶囊咖啡——加压式速成咖啡

　　加压式冲泡的咖啡一向比较香浓，所以胶囊咖啡一般用来萃取意式浓缩咖啡。胶囊咖啡是将现磨咖啡粉灌装入胶囊内，真空充氮包装杜绝氧化反应，能将咖啡粉的保质期提升至一年。使用专用的胶囊咖啡机萃取的咖啡，充分保留了咖啡的新鲜味道，"Crema"丰富、口感顺滑。

　　将胶囊放入胶囊咖啡机中，等待25秒，一杯香浓醇滑的意式浓缩咖啡就制作好了。随着生产厂家对咖啡豆的调配和烘焙程度的调整，胶囊咖啡拥有了越来越多的口味，而且口感稳定，能满足不同人的需求。而胶囊咖啡机的更新换代，更使胶囊咖啡的质量不亚于咖啡馆的半自动商业咖啡机。

　　胶囊咖啡体积小巧、操作简便、品质稳定，但需要固定的咖啡机，所以适合居家和办公室使用。而便携式车载胶囊咖啡机的诞生，更是让香浓咖啡随处可得。

玩趣咖啡

还有这样的咖啡

用时间沉淀的冷萃咖啡

冷萃咖啡不同于冰滴咖啡，是使用浸泡方式进行萃取的冰咖啡，降低了萃取温度并拉长了萃取的时间，将风味锁在液体中，而不外露于空气中。

冷萃时可采用日晒咖啡豆，中度研磨后放入有滤纸的容器中，置入冰箱冷藏12~24小时。根据所选咖啡豆的不同，咖啡的风味会有变化，不过普遍来说会降低酸味和苦味，味道更清爽。

随身携带的巧克力咖啡

有一种模仿酒心巧克力制成的巧克力咖啡，里面填充的是浓缩咖啡。在两毫米厚的黑巧克力壳里，盛装的是意大利人热爱的意式浓缩咖啡。当没有咖啡的时候，来一颗巧克力，也可以缓解一下渴望咖啡的味蕾。

还有一种咖啡叫"彩蛋咖啡"（Eggpresso），由澳大利亚珀斯的一家咖啡馆创造出来，做法是将浓缩咖啡直接萃取在吉百利巧克力彩蛋里，专为复活节而创。

不会冲淡味道的冰拿铁

想要喝一杯冰拿铁，又不想让冰块冲淡咖啡的味道时，可以将牛奶冻成冰块，直接放入咖啡中，溶化后的牛奶就不会冲淡咖啡的味道。也可以把黑咖啡冻成冰块，再放入牛奶中，都是不错的选择。

蓝眼咖啡

英文叫"Dead eye"，通常是咖啡馆的隐藏饮品，由90毫升意式浓缩咖啡加上120毫升手冲咖啡制成，失眠者慎选。

咖啡酒

这些带有咖啡味道的酒，特别受鸡尾酒调酒师的欢迎。就如甘露咖啡力娇酒，是墨西哥一款使用阿拉比卡咖啡豆酿造的利口酒，酒精含量20%，经典鸡尾酒"黑俄罗斯人"就是用它和伏特加酒一起调制出来的。还有咖啡味百利甜酒、咖啡味深蓝伏特加等，会在酿造时加入咖啡香精，使酒中带有咖啡味。

咖啡中的"战斗机"

咖啡是工作、休闲时的好饮品，当你的身体对咖啡中的咖啡因免疫时，就可以来点强力提神醒脑的升级版咖啡——死亡之愿咖啡。它使用含有两倍于普通咖啡的咖啡因含量的精选豆制成，据说饮用后可以导致失眠，需要注意的是，大量的咖啡因有一定成瘾性，咖啡因敏感者需慎选。

你不知道的"豆趣"故事

超级长寿的咖啡树

当咖啡树刚刚开始发芽时，顶端的嫩芽十分稚嫩可爱。谁都不会想到这种看起来"弱弱"的植物，却能在土地上屹立不倒长达2个世纪之久！

待用咖啡

　　待用咖啡（Suspended Coffee）来源于二战时意大利那不勒斯的咖啡馆，购买咖啡的人可以多付一杯的咖啡钱，多付的这杯咖啡将寄存在店里，等待囊中羞涩的人来免费品尝。现在，这项活动已经传向全球。

象屎咖啡

　　亚洲狸猫是为大众所知的会吃野生咖啡果的猫科动物。咖啡果在它们的消化道中进行发酵，然后排出，这个过程给予了咖啡不可思议的风味。但由于产量稀少，使得"猫屎咖啡"的价格十分昂贵。如果你觉得这还不算稀奇的话，在泰国的一个野生动物保护区内，大象也在用同样的方式"生产"着咖啡，这便是黑色象牙咖啡（Black Ivory Coffee）。

有趣的单词

"ISSpresso"：专为国际空间站设计的咖啡机"ISSpresso"，读音与意式咖啡一样，而ISS是国际空间站（International Space Station）的缩写。

"A Cup of Joe"：一战时，因为海军部长约瑟夫·丹尼尔（Josephus Daniels）大力整顿军纪，禁止海军在舰艇上喝酒，只能用咖啡代替，于是恼怒的海军开始把咖啡叫"A Cup of Joe(Jo)"，一直延续到现在。

"Depresso"：这个单词是忧郁沮丧的意思，咖啡客们可以看成由情绪低落（Depress）和浓缩咖啡（Espresso）组成。意义为"没有咖啡的日子真是沮丧"。

不能去的"Coffee shop"

一般来说，"Coffee shop"这个单词应该是咖啡店的意思，然而在荷兰阿姆斯特丹，可不要轻易走进标有这个单词的店，在当地这是专门出售大麻的商店。因为在荷兰，大麻属于合法商品，所以还会有大麻饮料、大麻蛋糕等。如果去荷兰旅游，建议在离开前一天远离大麻味道浓烈的地区，以免在机场遇到不必要的麻烦。在荷兰想要找到一家咖啡店可以找有"Koffiehuis"或"café"字样的店。

咖啡渣的用途

咖啡对于咖啡发烧友来说，就相当于伏特加对于俄罗斯人，是"燃料"一般的存在。其实，咖啡真的可以成为燃料。英国伦敦的巴士使用咖啡渣作为新型燃料，无汽油无污染。英国有人还改造出了一台汽车命名为卡普其诺汽车（Car-puccino），因为它也能使用咖啡粉作为燃料。

作为汽车燃料是咖啡豆最让人惊奇的使用方式，而咖啡豆一般的使用方式，应该是堆肥。冲泡过的咖啡渣中还含有大量的氮和微量元素等，是做蚯蚓堆肥的好原料。在咖啡渣中加入椰壳、有机石灰，再放入蚯蚓，等待着再利用的一天。而胶囊咖啡有一部分可以降解，无法降解的另一部分则可以用来种小绿植。

日本新研发的乳酸发酵技术，让咖啡渣转化为牛饲料，比起作为废弃物直接掩埋和焚烧，这种方式显然更加环保。

事实上，咖啡渣还有很多用途，晒干后放在烟灰缸、冰箱等地方消除异味，包裹好消除鞋子上、衣服上、车里、柜子里的异味。也可以尝试给宠物洗澡时加入一些咖啡渣，以驱除虱子。还可以尝试在洗澡时当做浴盐使用，去除死皮的同时紧致肌肤。咖啡陈豆也可以放在烟灰缸中，与咖啡渣有同样效果。

CHAPTER 3

跟着咖啡周游世界

从一种普通饮品升级为"世界的信仰"，
咖啡走过了千年时光，
在全世界的每一处，
都留下了别具特色的身影。

Espresso

也许你更需要双倍浓缩——意式浓缩咖啡

　　最初先学会的是制作一杯意式浓缩咖啡，最后最难做的也是一杯意式浓缩咖啡。意式浓缩咖啡是很多咖啡的灵魂，但爱上它纯粹的味道，就是时候尝试双倍浓缩或意式浓缩咖啡了。

[扫码看视频]

配方

咖啡豆 20克

清水 .... 适量

让我们开始

1. 将咖啡豆放入电动磨豆机中，将其磨成粉末（极细粉），放入滤器中。

2. 用压粉器稍稍压平咖啡粉的表面，再用平整机在咖啡粉上按压，至表面平整。

3. 将滤器安装在意式咖啡机上，将萃取好的30毫升咖啡液接入杯子中即可。

源自：意大利

冲泡小知识

萃取咖啡时要经常检视咖啡的状态。冲泡2个1盎司（30毫升）杯意式浓缩咖啡的萃取时间应为20～30秒。除时间之外，如意式浓缩咖啡的颜色开始变淡，应该结束制作。目标应是在20～30秒制出暗红色的意式浓缩咖啡而不变色。

Cappuccino

咖啡是圣芳济教会修士的棕色衣袍，奶泡是修士尖尖的帽子，于是衣袍和帽子就组合成了卡布奇诺。

配方

咖啡豆 20克

冰牛奶 150毫升

清水 .... 适量

让我们开始

1. 将咖啡豆放入电动磨豆机中，磨成粉末（极细粉），用意式咖啡机萃取出浓缩咖啡。

2. 将牛奶倒入发泡钢杯中，用意式咖啡机蒸汽管打发成奶泡。

3. 在意式浓缩咖啡中倒入用牛奶打至发泡的奶泡，拉出爱心图案即可。

源自：意大利

冲泡小知识

卡布奇诺中，咖啡、牛奶、奶泡的比例为1：1：1。

源自：意大利   **Caffe Lattle**

咖啡牛奶不期而遇——**拿铁咖啡**

配方

意式浓缩咖啡.....30毫升

黄砂糖 10克

牛奶....................90毫升

让我们开始

1. 将意式浓缩咖啡注入咖啡杯中，加入黄砂糖，搅拌均匀。

2. 将牛奶倒入发泡钢杯中，用意式咖啡机蒸汽管打发至发泡（咖啡、牛奶、奶泡比例为1：2：1）。

3. 再向咖啡杯中缓缓注入打发好的奶泡，注入时拉出爱心花纹即可。

源自：意大利 Caffe Mocha

摩卡港、摩卡豆、摩卡壶——摩卡咖啡

配方

40℃牛奶.....250毫升

咖啡豆 15克

清水..............50毫升

巧克力酱............适量

淡奶油 ....适量

让我们开始

1. 将咖啡豆磨成粉状（中度粉），放入摩卡壶的粉槽中。

2. 往摩卡壶的下座倒入清水，将粉槽安装到咖啡壶下座上，再将咖啡壶的上座与下座连接起来，在煤气炉上加热3~5分钟，直至咖啡往外溢出。

3. 往咖啡杯中挤入巧克力酱，倒入煮好的咖啡，拌匀，倒入牛奶，搅拌均匀，挤上打发好的淡奶油，淋上适量巧克力酱即可。

Caramel Macchiato

甜蜜的烙印——焦糖玛奇朵咖啡

"Macchiato"在意大利语里的意思是"烙印"和"印染"，在奶泡上挤上了网格图案的焦糖，就像盖上了印章，是"甜蜜的烙印"。

配方

意式浓缩咖啡...30毫升

香草糖浆..............10克

牛奶..............150毫升

焦糖酱................适量

让我们开始

1. 将意式浓缩咖啡倒入咖啡杯中。

2. 将牛奶倒入发泡钢杯中，用意式咖啡机蒸汽管打发成奶泡。

3. 咖啡杯中挤入香草糖浆，倒入用牛奶打至发泡的奶泡，再挤上焦糖酱装饰即可。

源自：意大利 🫘

冲泡小知识 ☕ ─────────────────────────

焦糖的香甜味道和奶泡的轻柔，中和了意式浓缩咖啡的苦味。

Espresso Con Panna

鲜奶油的绵密口感——康宝蓝咖啡

第一口，冰凉的奶油香甜细腻；第二口，温热的咖啡强烈冲击味蕾。焦糖的甜与咖啡的醇相互交织，不同的味道萦绕舌尖。

[扫码看视频]

配方

咖啡豆 15克

冷水............. 50毫升

淡奶油 .... 适量

让我们开始

1. 将咖啡豆放入磨豆机中，磨成粉状，放入摩卡壶的粉槽中。

2. 往摩卡壶的下座倒入冷水，将粉槽安装到咖啡壶下座上，再将咖啡壶的上座与下座连接起来，在煤气炉上加热3~5分钟，至出现咖啡往外溢出，倒入咖啡杯中。

3. 将淡奶油倒入奶油枪中，往咖啡杯里挤上打发的淡奶油（为了美观与口感，可以淋上适量糖浆，再撒上少许肉桂粉）。

源自：意大利

冲泡小知识

也可以用玻璃杯做，品尝前还可以观赏到鲜奶油和咖啡慢慢交融。

Affogato

雪糕被淹没——阿芙佳朵咖啡

炎炎夏日，有一种幸福叫"阿芙佳朵"！纯手工制作的凉爽甜香冰激凌，搭配上饱满柔绵、酸苦均衡的意式浓缩咖啡，让这个夏天引爆你的味觉盛宴！

[扫码看视频]

配方

咖啡豆 15克

冷水 50毫升

冰激凌 .... 适量

让我们开始

1. 将咖啡豆放入磨豆机中，磨成粉状，放入摩卡壶的粉槽中。

2. 往摩卡壶的下座倒入冷水，将粉槽安装到咖啡壶下座上，再将咖啡壶的上座与下座连接起来，在煤气炉上加热3~5分钟，至咖啡往外溢出。

3. 取下咖啡壶，将咖啡倒入装有冰激凌的杯子中即可。

源自：意大利

冲泡小知识

一杯阿芙佳朵包括杯底的意大利浓缩咖啡和覆盖在上面的冰激凌，为了增加甜味和增强口感，也可以向里面加入焦糖。

源自: 西班牙　Cortado

炙手可热的咖啡馆新宠——可塔朵咖啡

配方

浓缩咖啡........30毫升

牛奶...............30毫升

让我们开始

1. 将浓缩咖啡倒入咖啡杯中。

2. 将牛奶倒入发泡钢杯中，用意式咖啡机蒸汽管加热。

3. 在意式浓缩咖啡中倒入热牛奶即可。

冲泡小知识

咖啡和牛奶比例为1：1或2：1。

120

源自：西班牙 **Cafe Bonbon**

甜蜜的"邦邦"咖啡——西班牙炼乳咖啡

配方

浓缩咖啡........30毫升

炼乳................. 30克

让我们开始

1. 将炼乳倒入咖啡杯中。

2. 将热浓缩咖啡沿杯壁倒入杯中即可。

—— 冲泡小知识 ——

缓慢倒入杯中，做出分层效果。

源自：希腊　　Greek Frappe

希腊的夏日冷饮——弗拉普咖啡

配方

速溶咖啡粉 4克

白砂糖 4克

清水....................24毫升

冰牛奶 ....适量

冰块......................适量

让我们开始

1. 将速溶咖啡粉、白砂糖、清水倒入波士顿摇酒壶中，放满冰块。

2. 盖上摇酒壶盖，摇晃15秒，至出现大量泡沫，过滤入玻璃杯中。

3. 再倒入少许冰块，注满冰牛奶即可。

冲泡小知识 🍵

也可以用手持电动搅拌器制作。

源自：法国　　Royal Coffee

拿破仑的心头好——皇家咖啡

配方

浅烘焙咖啡豆.... 20克

方糖.................... 1块

白兰地 ....适量

清水.................. 适量

让我们开始

1. 将咖啡豆磨成粉，用虹吸式咖啡壶萃取出
   适量黑咖啡，倒入咖啡杯中。

2. 将方糖放入汤匙内，而汤匙平放在杯口
   上，在方糖上淋上白兰地。

3. 点燃汤匙内的白兰地，燃烧至方糖溶化，
   饮用时将汤匙中的糖酒混合液倒入咖啡中
   搅拌均匀即可。

源自：法国   Cafe au Lait

法兰西的浪漫——法式欧蕾咖啡

配方

咖啡豆 15克

牛奶 90毫升

清水 .... 适量

让我们开始

1. 用法压壶将咖啡豆和清水萃取成90毫升咖啡液。

2. 将牛奶加热至82℃。

3. 在咖啡杯中注入咖啡液，倒入热牛奶即可（可依个人口味加入黄糖）。

冲泡小知识

法式欧蕾和拿铁的不同处在于萃取方式和咖啡液的多少。

124

源自：德国　Eiskaffee

德国豪华版阿芙佳朵——冰激凌咖啡

配方

浓缩咖啡........60毫升

冰激凌球.............2个

淡奶油 100克

朗姆酒 ....适量

巧克力酱............适量

冰块...................适量

可可粉 ....适量

让我们开始

1. 将淡奶油用电动搅拌器打发。

2. 在高脚杯内壁挤上少许巧克力酱，淋入朗姆酒，放入冰块、冰激凌球。

3. 淋入浓缩咖啡，挤上打发的奶油，再淋上巧克力酱，撒上可可粉即可。

> **冲泡小知识**
>
> 还可以加入松饼、焦糖浆。

Turkish Coffee

神秘的占卜——土耳其咖啡

为了能真正品尝出土耳其咖啡独特的味道，最好事先准备一杯冰水。在喝土耳其咖啡之前喝一口，帮助味觉达到最灵敏的程度！

配方

咖啡粉（极细粉）... 10克

糖水................100毫升

让我们开始

1. 在土耳其咖啡壶中倒入100毫升糖水，放入咖啡粉。

2. 加热搅拌，但是搅拌时需轻柔缓慢，避免将液面的粉层搅散，在即将沸腾（即表面出现了一层金黄色的泡沫）并迅速涌上时立即离火。

3. 待泡沫落下后再放回火上，经过几次沸腾，等到水煮到只剩下原有一半时，将上层澄清的咖啡液倒出即可。

源自：土耳其

 冲泡小知识

土耳其咖啡饮用前不能过滤，喝完后，杯底的咖啡渣形状可以用来占卜。

Viennese Coffee

"单头马车"——维也纳咖啡

在维也纳，与音乐齐名的是一个看似不相关的东西——咖啡馆。无论是晴天还是雨季，一杯咖啡总能带给你一份好心情！

[扫码看视频]

配方

咖啡粉 15克

热水............270毫升

黄砂糖 5克

淡奶油 .... 适量

让我们开始

1. 把过滤器放进上壶，拉住铁链尾端，轻轻钩在玻璃管末端，将底部燃气炉点燃，把上壶插入下壶中。

2. 待下壶的水完全上升至上壶以后，倒入咖啡粉，用木勺拌匀，进行第二次搅拌后1分钟左右熄灭燃气炉，等待咖啡流入下壶中。

3. 往备好的杯子中加入黄砂糖，倒入萃取好的咖啡，倒入淡奶油，饮用时搅拌均匀即可。

源自：奥地利

冲泡小知识 ☕

也可以将淡奶油打发，再撒上一层可可粉，味道更佳。

源自：英国

Toffee Frozen Ice Latte

甜蜜的太妃咖啡冰沙——太妃糖冰咖啡

配方

浓缩咖啡........60毫升

太妃榛果糖浆.... 20克

牛奶............100毫升

冰块................适量

可可粉 ....适量

让我们开始

1. 在杯中倒入太妃榛果糖浆，堆满冰块，倒入牛奶。

2. 将浓缩咖啡和少许冰块倒入搅拌机，打成冰沙状。

3. 倒入杯中，撒上可可粉即可。

冲泡小知识

也可以在表面装饰奶油。

源自：英国

Espresso Martini

亦咖亦酒——浓缩咖啡马丁尼

配方

浓缩咖啡........30毫升

伏特加 60毫升

咖啡利口酒 15毫升

咖啡豆 3颗

糖浆 8克

冰块 ....适量

让我们开始

1. 摇酒壶中倒满冰块。

2. 加入糖浆、咖啡利口酒、伏特加，再倒入浓缩咖啡，盖上盖子。

3. 摇晃15秒至材料混合均匀，过滤至鸡尾酒杯中，点缀3颗咖啡豆即可。

冲泡小知识

可以用双层滤网过滤酒液，还可以减少碎冰块，以免影响口感。

源自：爱尔兰 **Irish Coffee**

绝望又热烈的恋人——爱尔兰咖啡

配方

咖啡豆 20克

爱尔兰威士忌...50毫升

热水..............300毫升

淡奶油 75克

让我们开始

1. 将咖啡豆放入磨豆机中，磨成粉状（中度粉）。

2. 将咖啡粉和热水倒入虹吸壶，萃取120毫升黑咖啡。

3. 用酒精灯加热杯子中的爱尔兰威士忌，倒入萃取好的咖啡，再挤上打发的淡奶油即可。

冲泡小知识

不擅饮酒的人，将玻璃杯斜拿，用打火机点燃威士忌，可以促使酒精挥发。

[扫码看视频]

源自：芬兰   **Kaffeost Coffee**

芝士就是力量——芬兰芝士咖啡

配方

黑咖啡 150毫升

芝士 .... 适量

让我们开始

1. 将芝士切成3厘米厚的块状，用喷枪将芝士块稍微火烤至表面有点烧焦。

2. 将烤好的芝士放入咖啡杯中，冲入黑咖啡，搅拌均匀即可。

[扫码看视频]

冲泡小知识 ☕

可以选择当地的圆饼形芝士，烘烤过后再切成块放入咖啡中搅拌。

源自：俄罗斯 / **Latte Halva**

俄式口味的甜点咖啡——哈瓦尔拿铁

配方

浓缩咖啡........60毫升

牛奶..............90毫升

芝麻酥糖...........少许

芝麻..................少许

让我们开始

1. 将浓缩咖啡倒入杯中。

2. 将牛奶倒入发泡钢杯中，用意式咖啡机蒸汽管打发成奶泡。

3. 将奶泡倒入杯中，撒上芝麻酥糖、芝麻即可。

— 冲泡小知识 🍵 —

烘焙过的芝麻味道会更好。

源自：美国　　*Nitro Cold Brew*

啤酒口感的咖啡——氮气咖啡

配方

咖啡豆 20克

冰块 .... 适量

让我们开始

1. 将咖啡豆磨成咖啡粉。

2. 在手冲壶中放入冰块，冲好咖啡。

3. 将咖啡液倒入奶油枪中，装好气弹，打出咖啡即可。

冲泡小知识

使用气弹枪时要装好、拧紧，注意安全。

Americano

自由与时间的抗争——**美式咖啡**

不浓重的丝丝咖啡香，正是让人着迷的地方。随性自由的美国人创造了它，决定了它独特的淡薄风味。

[扫码看视频]

配方

咖啡豆 15克

60℃热水 300毫升

冷水 80毫升

让我们开始

1. 将咖啡豆放入磨豆机中，磨成粉状（中度粉），放入摩卡壶的粉槽中，压紧。

2. 往摩卡壶的下座倒入冷水，将粉槽安装到咖啡壶下座上，再将上座与下座连接起来，放在煤气炉上加热3~5分钟。

3. 提取完所有的咖啡液后将摩卡壶从煤气炉上取下，倒入玻璃杯中，加入60℃热水，饮用时搅拌均匀即可。

源自：美国

冲泡小知识

美式咖啡的热量非常低，并且具有促进身体新陈代谢的功能，减肥者可以适量
饮用。

源自：墨西哥 Cafe de Olla

墨西哥的香料咖啡——陶壶咖啡

配方

咖啡粉 20克

清水 200毫升

肉桂棒 1根

八角 1个

糖 .... 适量

让我们开始

1. 将清水、肉桂棒、八角、糖倒入陶罐中，小火煮沸。

2. 倒入咖啡粉煮3分钟。

3. 过滤出咖啡，装入陶壶中即可。

冲泡小知识

应选用墨西哥粗糖（Piloncio）制作。

源自：古巴 **Cuba Coffee**

咖啡与糖的魔法——古巴咖啡

配方

咖啡粉 30克

糖 50克

清水 .... 适量

让我们开始

1. 将咖啡粉放入注有清水的摩卡壶中，加热萃取出咖啡液。

2. 将糖放入杯中，加入10毫升咖啡液，搅拌均匀，重复5次至糖成糊状。

3. 将咖啡液倒入糖糊中，搅拌均匀即可。

┌─── **冲泡小知识** ☕ ───

应使用德莫拉拉糖（一种特殊的红糖）制作。

└─────────────────────

源自：新西兰

Flat White

鲜浓缩咖啡——小白咖啡

配方

意式浓缩咖啡...40毫升

牛奶...............20毫升

让我们开始

1. 将意式浓缩咖啡（Ristretto）倒入杯中。

2. 将牛奶用意式咖啡机打出绵密的奶泡。

3. 再把牛奶倒入浓缩咖啡中，拉出图案即可。

── 冲泡小知识 ──────

Ristretto是一种特殊的意式浓缩咖啡，只取意式浓缩咖啡的前20毫升使用，味道会更醇厚。

源自：中国 **Black Tea Coffee**

有苦涩也有甜蜜——鸳鸯咖啡

配方

红茶水 30毫升

黑咖啡 30毫升

炼乳..................少许

让我们开始

1. 将炼乳倒入杯中。

2. 在杯中注入红茶水。

3. 再注入黑咖啡，搅拌均匀即可。

冲泡小知识

也可以将红茶水替换为奶茶。

141

Vietnamese Coffee

东南亚瑰宝——越南咖啡

　　"越南有三宝"，奥黛、咖啡和摩托。一个标准西贡式夜晚，就应该找个咖啡馆坐下，一边啜着咖啡，一边看满街的奥黛少女。

[扫码看视频]

配方

越南咖啡豆 12克

热水 150毫升

炼乳 .... 适量

让我们开始

1. 将咖啡豆放入磨豆机中，磨成粉状（比细砂糖粗一些的粉末）；在玻璃杯底部倒入炼乳，铺满杯底。

2. 用少量热水润湿滴滤壶，放入研磨好的咖啡粉，轻轻晃一下，使咖啡粉平整，放入压板，轻轻按压。

3. 往滴滤壶中倒热水，盖上盖，放置在装有炼乳的杯子上方，待热水全部滴落下来，萃取结束后取下滴滤壶，饮用时搅拌均匀即可。

源自：越南

冲泡小知识

除了越南咖啡粉，有些咖啡粉也可以用这种器具来冲泡，但是咖啡粉不要研磨得过细，过细的咖啡粉会从滤孔中漏出，导致萃取出的咖啡液中出现咖啡粉末。

源自：马来西亚 **White Coffee**

口感圆润的混合滋味——**白咖啡**

配方

白咖啡粉........... 40克

热水.............200毫升

让我们开始

1. 将白咖啡粉倒入杯中。

2. 注入热水，搅拌均匀即可。

┌─ 冲泡小知识 ☕ ─────────────

冲泡水温应当保持在85～90℃。

└──────────────────────────

源自：印度

Dirty Chai Latte

红茶、香料与咖啡——印度拿铁咖啡

配方

浓缩咖啡........30毫升

红茶水...........60毫升

牛奶..............90毫升

小豆蔻粉...........少许

让我们开始

1. 将浓缩咖啡倒入杯中，再倒入红茶水。

2. 将牛奶用意式咖啡机加热出少许奶泡。

3. 把热牛奶倒入杯中，撒上少许小豆蔻粉即可。

冲泡小知识

还可在煮红茶水时加入少许生姜。

源自：塞内加尔 Cafe Touba

来自非洲的原野味道——图巴咖啡

配方

咖啡粉 30克

清水 .... 适量

几内亚胡椒粉 ..... 少许

糖 .... 少许

让我们开始

1. 将咖啡粉倒入锅中，注入清水，煮至沸腾。

2. 倒入几内亚胡椒粉，煮至入味。

3. 盛入杯中，加入少许糖拌匀即可。

— 冲泡小知识 —

咖啡用锅煮后要过滤一下。

源自：阿尔及利亚 **Mazagran Coffee**

法式风味的非洲咖啡——**玛克兰咖啡**

配方

浓缩咖啡........30毫升

朗姆酒 30毫升

柠檬................... 1片

肉桂棒 1根

让我们开始

1. 将浓缩咖啡倒入杯中，加入朗姆酒。

2. 放入柠檬片，用肉桂棒搅拌片刻。

3. 饮用前将柠檬片取出即可。

—— **冲泡小知识** ——

可加入少许糖。

CHAPTER 4

视觉系拿铁

如果意式浓缩是咖啡的经典，
拉花就是融入了视觉享受的艺术品。
咖啡与美学，
这是一个不断探索与创新的空间……

Leaf Latte

手工拉花咖啡——叶形拉花咖啡

配方

浓缩咖啡........30毫升

打发好的牛奶.....适量

让我们开始

1. 降低奶缸高度将打发好的牛奶注入意式浓缩咖啡中（防止砸出泡沫），提高融合（哪里发白冲哪里，把白色部分冲下去让表面颜色一致）至五分满。

2. 杯子倾斜（只要不洒出来越倾斜越好），降低缸嘴高度离液面1厘米以内，保证奶缸高度与牛奶流速的同时均匀来回摆动杯子，边摆动边匀速后移杯子。

3. 最后收细水流，提高，穿过花纹收尾即可。

--- 冲泡小知识 ---

倒入奶泡的时候应该先快后慢。

Bear Latte

手绘拉花咖啡——小熊雕花咖啡

配方

浓缩咖啡........30毫升

打发好的牛奶.....适量

让我们开始

1. 将咖啡注入咖啡杯中至六成满，在杯中央倒入较大的奶泡，使之呈现白色心形，做成小熊的脑袋。
2. 用拉花针勾勒出小熊的耳朵。
3. 再用拉花针勾勒出小熊的鼻子和嘴巴，最后给小熊点上眼睛即可。

冲泡小知识

也可以用咖啡粉直接透过小熊模具撒在拿铁上，做出小熊图案。

 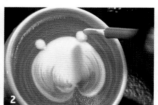 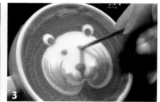

3D Latte Art

喝前摇一摇——3D奶泡拉花

配方

浓缩咖啡........30毫升

打发好的牛奶.....适量

可可粉..............少许

让我们开始

1. 将奶泡挖出，留牛奶待用。

2. 将浓缩咖啡倒入杯中，倒入牛奶，再用奶泡堆出六处立体泡沫。

3. 用拉花针蘸可可粉，勾勒出小熊的眼睛、嘴巴、手脚和肚脐即可。

> **冲泡小知识** ☕
>
> 奶泡要打得非常绵密，才能使其浮在咖啡上。

Fancy Coffee

情有独“冲”——彩色拉花

配方

浓缩咖啡........30毫升

牛奶............150毫升

彩色食用色素.....少许

让我们开始

1. 将牛奶用意式咖啡机做出奶泡，部分倒入浓缩咖啡中调匀。

2. 在拉花缸中挤入几滴彩色食用色素。

3. 将发泡钢杯倾斜，贴近杯壁缓缓倒入奶泡，拉出图案即可。

冲泡小知识

使用天然可食用色素制作。

Dancing Latte

层次分明——跳舞的拿铁

[扫码看视频]

配方

浓缩咖啡........30毫升

牛奶............300毫升

香草糖浆........10毫升

冰块..................适量

让我们开始

1. 向玻璃杯中挤入香草糖浆。

2. 将冰块倒入杯中，再向杯中注入牛奶。

3. 最后倒入浓缩咖啡，饮用时搅拌均匀即可。

冲泡小知识 ☕

意式浓缩咖啡搭配新鲜的牛奶，让原本醇厚甘涩的浓缩咖啡产生顺滑柔美的风味。又因为它的层次分明，深咖色与奶白色分明，形成曼妙的视觉效果，非常诱人。

Icecream Float Coffee

热量炸弹——雪顶咖啡

配方

咖啡豆 16克

黄糖................... 15克

香草冰激凌球...... 1个

打发的鲜奶油..... 适量

冰块................... 适量

巧克力酱........... 适量

让我们开始

1. 将咖啡豆用磨豆机磨成粉（中度粉），用滤纸滴滤壶萃取150毫升咖啡，隔冰块冷却。

2. 将冷却后的咖啡倒入咖啡杯中，放入黄糖、冰块拌匀。

3. 再放入香草冰激凌球，挤上打发的鲜奶油和巧克力酱即可。

Espresso Frozen

咖啡味道的绵绵冰——咖啡冰沙

配方

浓缩咖啡........60毫升

牛奶............150毫升

打发的淡奶油.....适量

让我们开始

1. 将牛奶和浓缩咖啡混合均匀。

2. 将牛奶咖啡混合液倒入冰格中，放入冰箱，冷冻8小时。

3. 取出冻好的冰块，倒入搅拌机中打成冰沙，点缀打发的淡奶油即可。

冲泡小知识

用破壁料理机搅拌的冰沙口感会更细腻。

Cotton Candy With Coffee

云朵般的轻盈口感——**云朵咖啡**

配方

浓缩咖啡........30毫升

牛奶.................适量

棉花糖 1朵

让我们开始

1. 将牛奶倒入发泡钢杯中，用意式咖啡机蒸汽管打发至发泡。

2. 向咖啡中缓缓注入打发好的奶泡，拉出爱心花纹装饰。

3. 在杯沿上点缀棉花糖即可。

冲泡小知识

这种形态的棉花糖易溶，饮用前可先将其溶解于杯中。
